KB135990

제주 야생 버섯

제주
야생
버섯

펴낸날 2021년 9월 30일 초판 1쇄
지은이 이상선
만들어 펴낸이 정우진 강진영 김지영
꾸민이 Moon&Park(dacida@hanmail.net)
펴낸곳 (04091) 서울 마포구 토정로 222 한국출판콘텐츠센터 420호 도서출판 황소걸음
편집부 (02) 3272-8863
영업부 (02) 3272-8865
팩 스 (02) 717-7725
이메일 bullsbook@hanmail.net / bullsbook@naver.com
등 록 제22-243호(2000년 9월 18일)
ISBN 979-11-86821-61-9 06400

황소걸음
Slow&Steady

정성을 다해 만든 책입니다. 읽고 주위에 권해주시길…
잘못된 책은 바꿔드립니다. 값은 뒤표지에 있습니다.

제주 야생 버섯

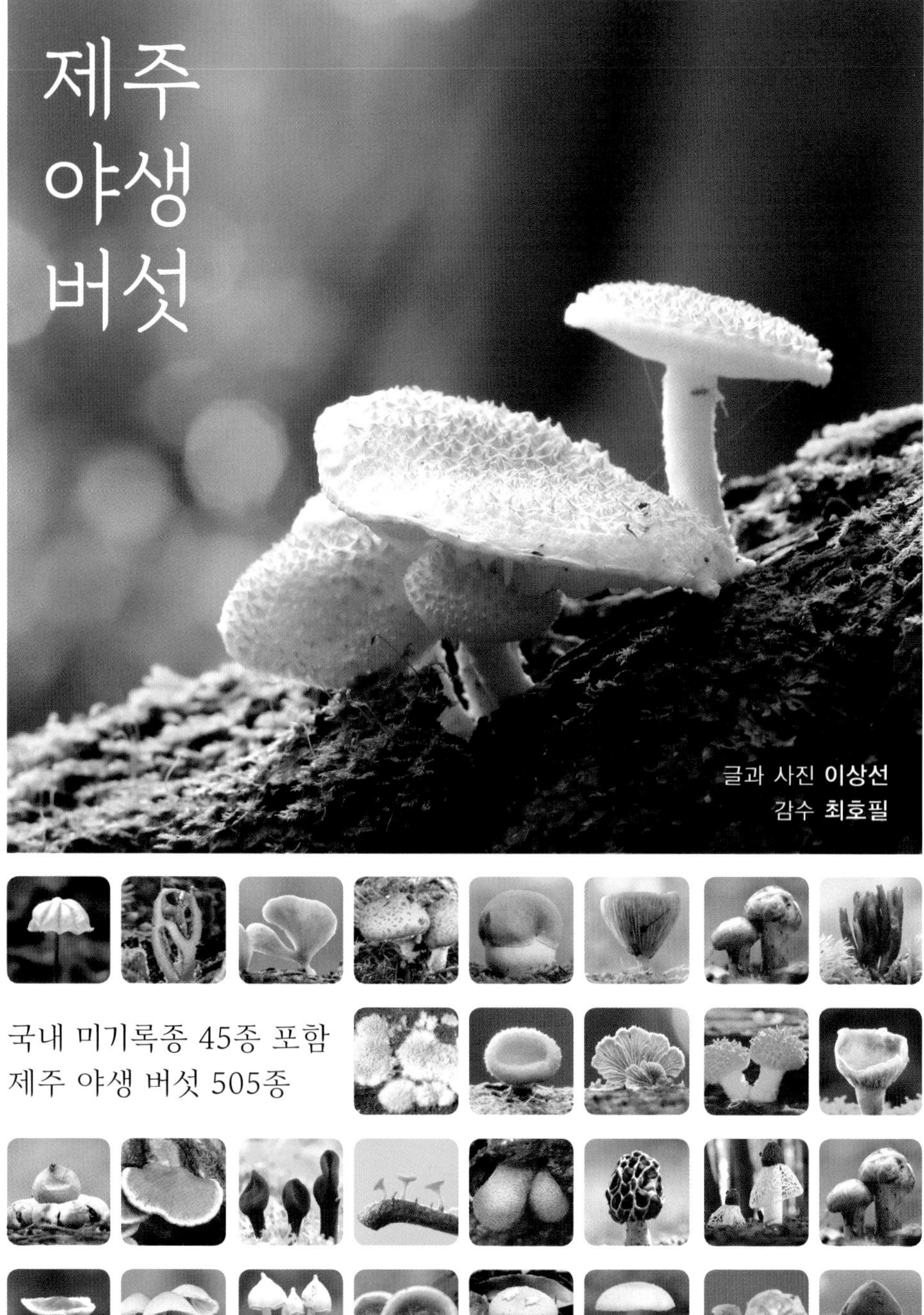

글과 사진 **이상선**
감수 **최호필**

국내 미기록종 45종 포함
제주 야생 버섯 505종

황소걸음
Slow&Steady

일러두기

1. 제주도에 자생하는 버섯 505종(국내 미기록종 45종 포함)을 생태 사진 2500여 장과 함께 종별로 분류해 실었습니다.
2. 버섯 분류와 국명은 웹 사이트 www.indexfungorum.org, 국립생물자원관 홈페이지의 '2020 국가생물종목록', 《식용 · 약용 · 독버섯과 한국버섯 목록》을 참고했습니다.
3. 국립생물자원관 홈페이지의 '2020 국가생물종목록'에 수록된 버섯과 국가생물종목록에는 없으나 《식용 · 약용 · 독버섯과 한국버섯 목록》에 수록된 버섯을 국내 기록종으로 책 앞부분에 정리했습니다.
4. 위 두 목록에 수록되지 않은 버섯 45종을 국내 미기록종으로 임시명을 부여해서 책 뒷부분에 정리했습니다.

머리말

화산섬 제주도는 한라산을 중심으로 360여 개 오름과 곶자왈에 다양한 생물종이 분포하는 동식물의 보고다. 그중에서도 지질적 특성과 온난하고 강수량이 많은 지리적 환경으로 생태계에서 유기물질을 분해해 자연으로 돌려주는 다양한 버섯이 자생한다.

제주도에 자생하는 버섯은 그동안 몇 차례 소개된 적이 있다. 《제주도 버섯》(서재철, 일진사, 2004)에서 272종, 《제주 지역의 야생 버섯》(고평열 · 김찬수 외, 국립산림과학원, 2009)에서 414종, 《한라산국립공원 자연자원조사》(한라산연구소, 제주특별자치도, 2012)에서 202종, 《하늘빛 물을 담은 남원읍 버섯도감》(서귀포시남원읍 지역관리위원회와 (사)자원생물연구센터, 2018)에서 375종을 소개했다.

생태 사진작가로 활동하다가 버섯에 매료되어 10여 년 동안 한라산과 오름, 곶자왈, 숲을 누비며 족히 800종이 넘는 야생 버섯을 카메라에 담았다. 제주도에 자생하는 버섯을 알고 싶어 하는 분에게 조금이나마 도움이 되길 바라는 마음으로 국내 미기록종 45종을 포함해 제주 야생 버섯 505종을 정리했다.

감수해주신 최호필 님과 도움을 주신 모든 분께 감사의 말씀을 드리며, 아낌없이 응원해준 가족에게 이 책을 바친다.

2021년 여름

이상선

차례 및 분류

담자균문

자낭균문

담자균문

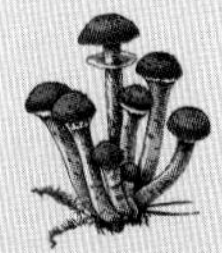

고동색우산버섯 _고동색광대버섯

광대버섯과

Amanita fulva (Schaeff.) Fr.

발생 여름부터 가을까지 | 침엽수림 · 활엽수림 · 혼합림 내의 땅 위

특징 갓은 연한 갈색으로 가장자리에 방사상의 홈이 있다. 주름살은 백색으로 떨어져 붙은 모양이며 간격이 촘촘하다. 자루에는 섬유질의 비늘이 덮여 있고, 기부에는 주머니 모양의 외피막이 있다.

구슬광대버섯

광대버섯과

Amanita sychnopyramis Corner & Bas

발생 여름부터 가을까지 | 활엽수림 · 혼합림 내의 땅 위

특징 갓은 회갈색 또는 암갈색이며 백색~연한 회갈색의 외피막 조각이 덮여 있고 가장자리에 방사상의 홈이 있다. 주름살은 백색으로 간격이 촘촘하다. 기부는 둥글고 외피막이 테두리 모양으로 붙어 있다.

구형광대버섯아재비

광대버섯과

Amanita subglobosa Zhu L. Yang

발생 여름부터 가을까지 | 활엽수림 내의 땅 위

특징 갓은 갈색에서 황갈색으로 변해가며 사마귀 모양이나 뾰족한 모양의 외피막 조각이 붙어 있다. 주름살은 백색에서 크림색으로 변해간다. 턱받이는 치마 모양이다. 기부에는 3~5개의 외피막이 테 모양으로 붙어 있다.

국명 미지정 _달걀광대버섯아재비

Amanita caesareoides Lj.N. Vassiljeva

발생 여름 | 침엽수림 · 활엽수림 · 혼합림 내의 땅 위

특징 갓은 선명한 오렌지 적색으로 가장자리에 방사상의 홈이 있다. 턱받이는 막질이다. 자루에는 오렌지색의 얼룩무늬가 띠 모양으로 붙어 있고 기부에는 주머니 모양의 흰 외피막이 붙어 있다.

긴골광대버섯아재비

광대버섯과

Amanita longistriata S. Imai

발생 여름부터 가을까지 | 침엽수림 · 활엽수림 · 혼합림 내의 땅 위

특징 갓은 회갈색에서 회색으로 변해가고 가장자리에 선명한 방사상의 홈이 있다. 주름살은 백색에서 연한 분홍색으로 변해간다. 턱받이는 막질이고 기부에는 백색 주머니 모양의 외피막이 있다.

난포자광대버섯

광대버섯과

Amanita ovalispora Boedijn

발생 여름부터 가을까지 | 침엽수림 · 활엽수림 · 혼합림 내의 땅 위

특징 갓은 전체적으로 회색을 띠며 가장자리에 방사상의 홈이 있다. 주름살은 백색에서 회백색으로 변해간다. 자루는 회백색으로 가루가 덮여 있고 기부에는 백색의 외피막이 긴 주머니 모양으로 붙어 있다.

노란달걀버섯

광대버섯과

Amanita javanica (Corner & Bas) Oda, Tanaka & Tsuda

발생 여름부터 가을까지 | 침엽수림 · 활엽수림 · 혼합림 내의 땅 위

특징 갓은 오렌지빛 황색에서 황색으로 변해가며 가장자리에 선명한 방사상의 홈이 있다. 주름살은 황색이다. 자루에는 황색의 인편이 덮여 있고 기부에는 백색 막질의 외피막이 긴 주머니 모양으로 붙어 있다.

독우산광대버섯

Amanita virosa (Fr.) Bertillon

발생 여름부터 가을까지 | 침엽수림·활엽수림 내의 땅 위

특징 갓은 백색으로 오래되면 가운데가 연한 황색을 띨 때가 있다. 주름살은 백색으로 약간 촘촘하다. 자루에 백색의 섬유상 인편이 붙어 있다. 기부는 둥글게 부풀고 백색의 외피막이 큰 주머니 모양으로 붙어 있다.

마귀광대버섯

광대버섯과

Amanita pantherina (DC.) Krombh.

발생 여름부터 가을까지 | 침엽수림 · 활엽수림 내의 땅 위

특징 갓은 암갈색에서 갈색으로 변해가고 더 오래되면 회갈색, 회황갈색이 되며 갈색 바탕 위에 백색의 외피막 조각이 붙어 있다. 자루의 기부는 짧은 방추형이고 3~5개의 외피막이 고리 모양으로 붙어 있다.

뱀껍질광대버섯

광대버섯과

Amanita spissacea S. Imai

발생 여름부터 가을까지 | 침엽수림 · 활엽수림 내의 땅 위

특징 갓은 회갈색 바탕에 흑갈색 인편이 전면에 덮여 있다. 주름살은 백색으로 간격이 촘촘하고 턱받이는 막질이다. 자루의 기부는 둥근 뿌리 모양으로 부풀고 2~5줄의 흑갈색 인편이 테 모양으로 붙어 있다.

붉은점박이광대버섯

광대버섯과

Amanita rubescens Pers.

발생 여름부터 가을까지 | 침엽수림 · 활엽수림 내의 땅 위

특징 갓은 적갈색~연한 갈색이고 백색~회백색 가루 모양의 외피막 조각이 붙어 있다. 주름살은 백색으로 간격이 촘촘하고, 상처가 나면 오랜 시간 후에 적갈색으로 변색된다. 자루의 기부는 부풀어 있다.

붉은주머니광대버섯

광대버섯과

Amanita rubrovolvata S. Imai

발생 여름부터 가을까지 | 침엽수림 · 활엽수림 내의 땅 위

특징 갓은 선명한 적색~주홍색으로 같은 색 분질의 사마귀 모양 돌기로 덮여 있고, 가장자리에 방사상의 홈이 있다. 주름살은 백색에서 연한 황색으로 변해간다. 자루의 기부는 구근상으로 부풀어 있다.

비듬마귀광대버섯

광대버섯과

Amanita multisquamosa Peck

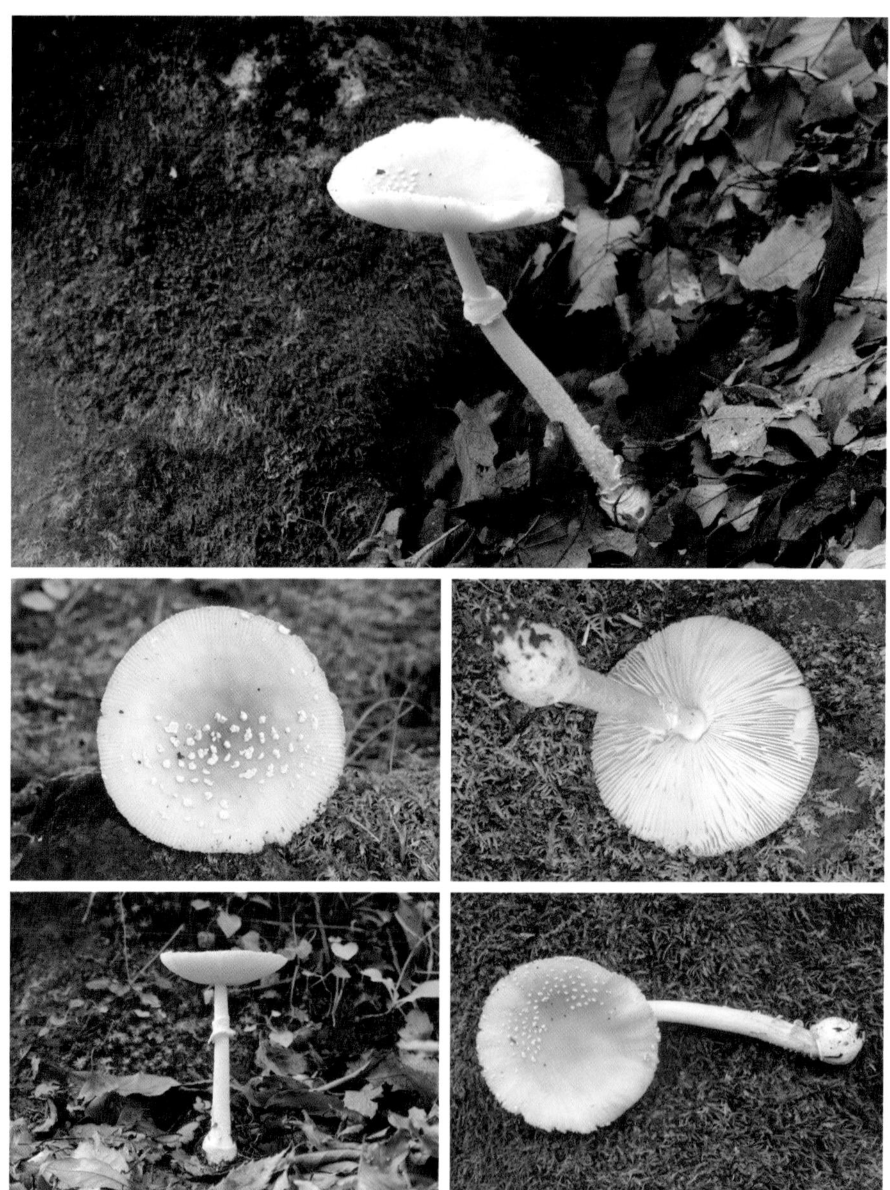

발생 여름부터 가을까지 | 활엽수림 · 혼합림 내의 땅 위

특징 갓은 연한 백황색에서 탁한 백색으로 변해가고 백색~백황색의 외피막 조각이 붙어 있으며, 가장자리에 방사상의 홈이 있다. 주름살은 백색이다. 자루의 기부는 둥글게 부풀어 있는 외피막이 있다.

선흘광대버섯

광대버섯과

Amanita pseudogemmata Hongo

발생 여름부터 가을까지 | 활엽수림 내의 땅 위

특징 갓은 연한 황색으로 황색의 분말 같은 인편이 덮여 있고, 가장자리에 방사상의 홈이 있다. 주름살은 백색으로 간격이 약간 촘촘하다. 턱받이는 연한 황색이다. 자루의 기부는 둥글게 부풀어 있다.

암회색광대버섯아재비

광대버섯과

Amanita pseudoporphyria Hongo

발생 여름 | 활엽수림 · 혼합림 내의 땅 위

특징 갓은 회색에서 회갈색으로 변해가며 미세한 방사상 섬유 무늬가 있고, 가장자리에 외피막 조각이 붙어 있다. 주름살은 백색이며 턱받이는 막질이다. 자루의 기부는 부풀고 흰 주머니 모양의 외피막이 있다.

애광대버섯

광대버섯과

Amanita citrina Pers.

발생 여름부터 가을까지 | 침엽수림 · 활엽수림 · 혼합림 내의 땅 위

특징 갓은 유황색, 연한 황색을 띠고 탁한 백색, 탁한 황색, 연한 회황색으로 변해가며 떨어지기 쉬운 외피막 조각이 붙어 있다. 주름살은 백색이다. 자루의 기부는 둥근 외피막이 붙어 있다.

애우산광대버섯

광대버섯과

Amanita farinosa Schwein.

발생 여름부터 가을까지 | 침엽수림 · 활엽수림 내의 땅 위

특징 갓은 회갈색으로 회색의 가루로 덮여 있고, 가장자리에 방사상의 줄무늬가 있다. 주름살은 백색으로 떨어져 붙은 모양이다. 자루는 백색으로 원기둥 모양이고, 기부는 약간 부풀어 있는 짧은 방추형이다.

양파광대버섯 _비탈광대버섯

Amanita abrupta Peck

발생 여름 | 활엽수림 · 혼합림 내의 땅 위

특징 갓은 백색 또는 담갈색으로 뾰족한 사마귀 모양 외피막 조각이 덮여 있다. 주름살은 백색으로 떨어져 붙은 모양이며 간격이 촘촘하다. 자루는 백색이고 턱받이는 백색의 막질이고, 기부는 양파 모양이다.

큰우산버섯 _큰우산광대버섯

광대버섯과

Amanita cheelii P.M. Kirk

발생 여름부터 가을까지 | 활엽수림 내의 땅 위

특징 갓은 회갈색으로 가장자리에 방사상의 홈이 있다. 주름살은 백색으로 간격이 촘촘하다. 자루에는 회색의 가루 같은 인편이 물결 모양으로 덮여 있고, 기부는 긴 주머니 모양의 외피막이 있다.

큰주머니광대버섯

Amanita volvata (Peck) Llyod

발생 여름부터 가을까지 | 침엽수림 · 활엽수림 · 혼합림 내의 땅 위

특징 갓은 백색에서 연한 갈색이 가미된 백색으로 변해가며 홍갈색의 가루 모양이나 솜털 모양의 인편이 덮여 있다. 주름살은 백색에서 홍갈색으로 변해간다. 자루의 기부는 부풀고 막질의 외피막에 싸여 있다.

회색귀신광대버섯

광대버섯과

Amanita onusta (Howe) Sacc.

발생 여름부터 가을까지 | 침엽수림 · 활엽수림 · 혼합림 내의 땅 위

특징 갓은 회색 솜털 모양의 물질과 각진 회백색의 인편이 혼재된 형태로 덮여 있고, 가장자리에 외피막 조각이 붙어 있다. 주름살은 백색에서 크림색으로 변해간다. 자루의 기부는 굵고 긴 뿌리 모양이다.

회흑색광대버섯

Amanita fuliginea Hongo

발생 여름부터 가을까지 | 활엽수림 내의 땅 위

특징 갓은 암회색에서 회갈색으로 변해가고 뚜렷한 섬유 모양의 얼룩이 있으며, 갓 가운데는 진한 흑색이다. 주름살은 백색이며 자루는 회흑색의 섬유상 인편이 덮여 있다. 기부의 외피막은 째진 주머니 모양이다.

흰가시광대버섯

광대버섯과

Amanita virgineoides Bas

발생 여름부터 가을까지 | 활엽수림 · 혼합림 내의 땅 위

특징 갓은 백색이고 가는 가루로 덮이고, 가시 모양의 인편이 전면에 붙어 있다. 주름살은 백색에서 크림색으로 변해간다. 자루는 솜털 모양의 인편이 덮이고 기부에는 사마귀 모양 외피막 조각이 고리 모양으로 붙어 있다.

국수버섯

Clavaria fragilis Holmsk.

발생 늦여름부터 가을까지 | 활엽수림 · 풀밭 땅 위

특징 자실체는 조금 구부러진 막대 모양으로 끝이 둥글고 가늘거나 뭉툭하다. 자실체 전체가 백색이고 오래되면 퇴색한 황색이 되며, 표면은 매끈하다. 조직은 백색으로 연해서 부러지기 쉽다.

자주국수버섯

국수버섯과

Clavaria purpurea Fr

발생 여름부터 가을까지 | 침엽수림 · 혼합림 내의 땅 위

특징 자실체는 무리를 이뤄 발생하며, 위아래로 가늘고 편평한 막대 모양이다. 자실체 전체가 연한 회색을 띤 자주색이고, 오래되면 자주색을 띤 회색으로 변한다. 조직은 연해서 부러지기 쉽다.

자주싸리국수버섯

Clavaria zollingeri Lev.

발생 여름부터 가을까지 | 풀밭의 이끼 사이, 숲속 땅 위

특징 자실체는 기부에서 다발로 발생해 나뭇가지 또는 산호 모양을 이룬다. 가지가 여러 개로 갈라지며 끝은 둔하거나 뾰족하고, 가지를 치지 않는 것도 있다. 자실체 전체가 보라색, 자갈색, 포도주색을 띤다.

붉은창싸리버섯

국수버섯과

Clavulinopsis miyabeana (S. lto) S. lto

발생 여름부터 가을까지 | 부엽토나 땅 위

특징 자실체는 편평한 원추형 또는 가는 원통형으로 다발로 발생한다. 자실체 전체가 적색, 오렌지색으로 색 변화가 크다. 보통 굽어 있거나 뒤틀려 있다. 세로로 얕은 줄무늬 홈 선이 있는 것이 많다.

좀노란창싸리버섯

국수버섯과

Clavulinopsis helvola (Pers.) Corner

발생 여름부터 가을까지 | 혼합림, 낙엽이나 이끼 사이 땅 위

특징 자실체는 굽어 있거나 뒤틀린 편평한 막대 모양 또는 곤봉 모양으로, 홀로 나거나 다발로 발생한다. 자실체 전체가 황색에서 등황색으로 변하고 오래되면 탁한 갈색이 된다. 끝은 뾰족하지 않고 뭉툭하다.

붓버섯 _흰붓버섯

깃싸리버섯과

Deflexula fascicularis (Bres. & Pat.) Corner

발생 여름부터 가을까지 | 활엽수 죽은 줄기 위

특징 자실체는 무리 지어 발생하며, 어릴 때는 다수의 유연한 침 모양에서 끝부분이 갈라진 붓 모양으로 된다. 자실체 전체가 백색에서 연한 황갈색으로 변해가고, 더 오래되면 황토갈색이 된다.

가지깃싸리버섯

Pterula multifida E. P. Fr. & Fr.

발생 여름부터 가을까지 | 숲속 떨어진 가지나 낙엽 위

특징 자실체는 침 모양 또는 강직한 털 모양으로 다발을 이루며, 전체적으로 가는 나뭇가지 모양이다. 분지를 반복하며 그 끝은 바늘같이 뾰족하다. 표면은 회백색에서 점차 황갈색으로 변해간다.

초고약버섯 _이빨버섯

Radulomyces confluens (Fr.) Christ.

발생 연중 | 활엽수 그루터기 · 줄기 · 가지 절단면

특징 자실체 전체가 배착생으로 둥근 점 모양으로 형성해 서로 융합되어 넓게 퍼져 나간다. 표면은 알갱이 모양이나 사마귀 모양이고, 이빨 모양의 돌기가 있다. 습할 때는 연한 황토색으로 변해간다.

노란띠끈적버섯 _노란띠버섯

Cortinarius caperatus (Pers.) Fr.

발생 가을부터 초겨울까지 | 침엽수림 · 활엽수림 내의 땅 위

특징 갓은 황토색에서 황토갈색으로 변해가고 가장자리에 방사상의 홈이 있다. 주름살은 바르게 붙은 모양에서 내려 붙은 모양으로, 간격이 촘촘하다. 턱받이는 막질이고 자루는 원기둥 모양이다.

보라끈적버섯 _끈적버섯

Cortinarius violaceus (L.) Gray

발생 여름부터 가을까지 | 활엽수림 · 혼합림 내의 땅 위

특징 갓은 짙은 자주색 또는 보라색이고 짧은 털로 촘촘히 덮여 있다. 주름살은 짙은 자주색에서 녹슨 갈색으로 변해가고, 간격이 약간 촘촘하다. 자루는 갓과 같은 색이고 아래로 굵어지며, 기부는 둥근 모양이다.

적갈색포자끈적버섯

끈적버섯과

Cortinarius obtusus (Fr.) Fr.

발생 가을 | 혼합림(소나무와 참나무류) 내의 땅 위

특징 갓은 황갈색에서 황토색으로 변해가며, 습할 때는 거의 중앙까지 줄무늬가 나타난다. 주름살은 황토색에서 녹슨 갈색으로 변해가고, 간격이 성기다. 자루는 약간 휘었으며 기부로 갈수록 가늘어진다.

제비꽃끈적버섯

끈적버섯과

Cortinarius iodes Berk. & Curt.

발생 여름부터 가을까지 | 숲속 땅 위

특징 갓은 분홍색을 띤 진한 보라색에서 점차 색이 옅어진다. 습할 때는 끈적기가 있고 매끄럽다. 주름살은 보라색에서 회색을 띤 계피색으로 변해간다. 턱받이는 거미집막 모양이고 기부는 조금 부풀어 있다.

주름끈적버섯

Cortinarius subbalaustinus Henry

발생 봄부터 가을까지 | 거친 땅 위

특징 갓은 오렌지 갈색~적갈색으로 건조하면 황토갈색을 띠고 광택이 있으며, 방사상으로 골이 생긴다. 주름살은 연한 갈색에서 녹슨 갈색으로 변해간다. 기부는 구근상으로 백색 외피막 잔존물이 붙어 있다.

푸른끈적버섯

끈적버섯과

Cortinarius salor Fr

발생 여름부터 가을까지 | 침엽수림 · 활엽수림 · 혼합림 내의 땅 위

특징 갓은 청색과 보라색이 가미된 자주색으로 습할 때 점액질이 덮여 있다. 주름살은 연한 보라색에서 갈색으로 변해간다. 자루는 습할 때 점액질로 덮여 있고 위쪽에 띠 모양 턱받이가 있다.

풍선끈적버섯

끈적버섯과

Cortinarius purpurascens Fr.

발생 여름부터 가을까지 | 침엽수림 · 활엽수림 내의 땅 위

특징 갓은 연한 자주색이 가미된 연한 갈색에서 갈색으로 변해가고, 습할 때는 끈적거리고 미세하게 방사상으로 섬유 모양이다. 주름살은 자주색에서 갈색으로 변해간다. 자루의 기부는 크게 부풀어 있다.

솔방울버섯

낙엽버섯과

Baeospora myosura (Fr.) Singer

발생 가을부터 겨울까지 | 침엽수림 내 솔방울 위

특징 갓은 적갈색에서 연한 갈색~황갈색으로 변해간다. 주름살은 백색으로 올려 붙은 모양이며, 간격이 매우 촘촘하다. 자루는 백색의 가루로 덮여 있고 기부에는 백색의 긴 균사가 붙어 있다.

테두리털가죽버섯

Crinipellis zonata (Pk.) Sacc.

발생 여름 | 활엽수 죽은 줄기나 가지, 낙엽 위

특징 갓은 갈색에서 황갈색으로 변해가고 긴 털로 덮여 있다가 방사상으로 찢어진다. 주름살은 백색에서 크림색으로 변해가고 올려 붙은 모양이다. 자루는 막대 모양이며 황갈색의 털로 덮여 있다.

오목패랭이버섯

낙엽버섯과

Gerronema nemorale Har. Takah.

발생 여름부터 가을까지 | 활엽수 죽은 줄기나 가지 위

특징 갓은 황록갈색에서 회녹색~회황색으로 변해가고, 방사상의 홈이 있다. 주름살은 연한 황색으로 내려 붙은 모양이다. 자루는 연한 황색이고 기부는 솜털 같은 백색 균사로 덮여 있다.

순백파이프버섯

Henningsomyces candidus (Pers.) Kuntze

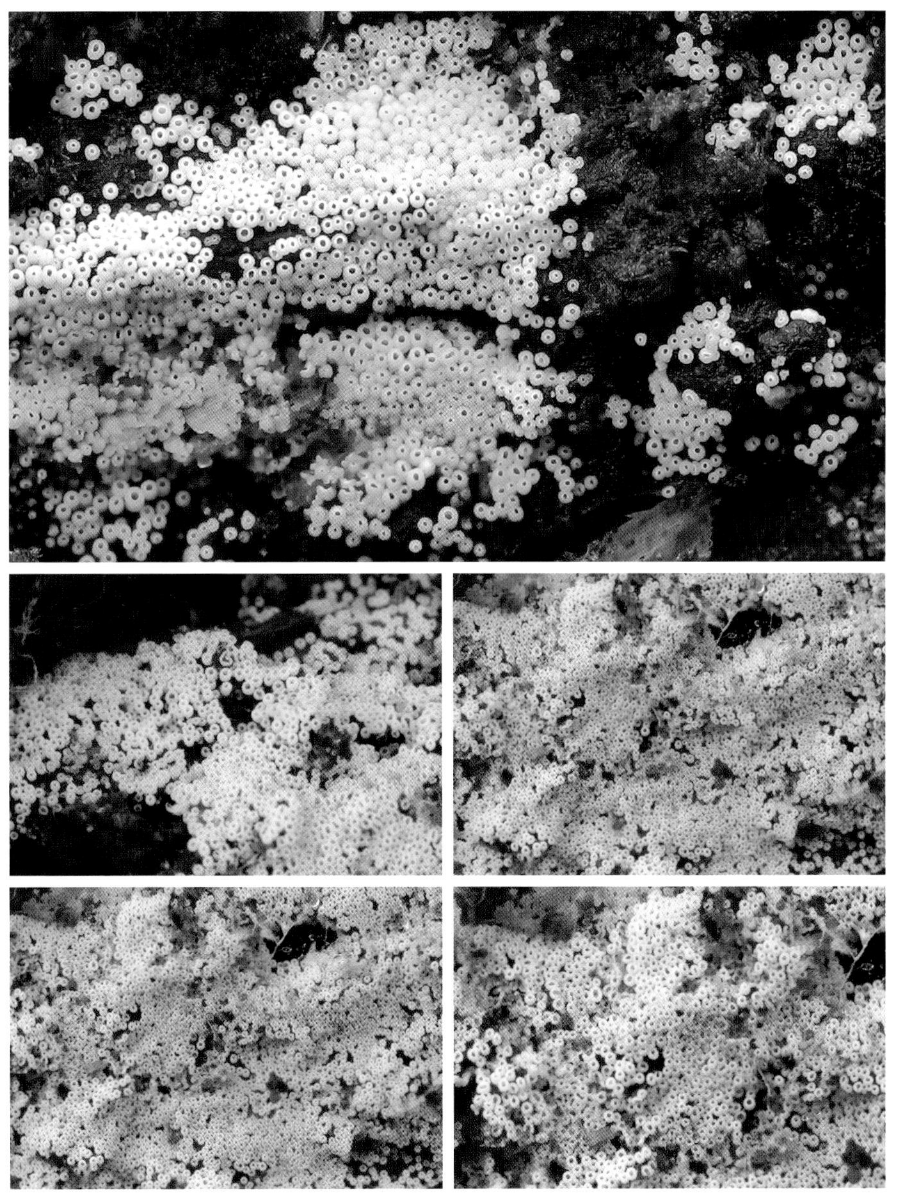

발생 연중 | 침엽수·활엽수 껍질 없는 부분

특징 자실체는 백색이고 지름 0.2~0.4mm, 길이 0.5~1mm인 극소형으로 긴 컵 모양이다. 바깥 면에는 백색으로 가는 털이 촘촘하게 붙어 있다. 포자가 맺히는 자실층은 안쪽 벽에 있다.

제주털애주름버섯 _제주맑은대버섯

낙엽버섯과

Hydropus marginellus (Pers.) Singer

발생 여름부터 가을까지 | 침엽수 그루터기나 줄기 위

특징 갓은 어두운 녹색에서 점차 녹갈색으로 변해가고 약간 요철이 있으며, 미세한 가루로 덮여 있다. 주름살은 백색으로 간격이 약간 엉성하다. 자루는 갓보다 약간 옅은 색으로 얕은 주름이 있다.

큰낭상체버섯 _낭상체버섯

Macrocystidia cucumis (Pers.) Joss.

발생 봄부터 가을까지 | 숲 · 풀밭 · 길가 땅 위

특징 갓은 적갈색, 암갈색에서 마르면 황토색으로 변하고 습할 때 방사상의 선이 희미하게 나타난다. 주름살은 백색에서 황토색으로 변하고, 간격이 약간 촘촘하다. 자루는 암갈색의 벨벳 모양이다.

낙엽버섯

낙엽버섯과

Marasmius rotula (Scop.) Fr.

발생 여름부터 가을까지 | 숲속 낙엽, 떨어진 나뭇가지 위

특징 갓은 백색에서 황토색으로 변해가고 방사상의 홈이 있다. 주름살은 백색에서 연한 황토색으로 변해가고 떨어져 붙은 모양이며, 간격이 성기다. 자루는 철사 모양으로 적갈색이 짙어진다.

눈빛낙엽버섯

Marasmius nivicola Har. Takah.

발생 여름부터 가을까지 | 침엽수림 · 활엽수림 내의 부엽토나 낙엽 위

특징 갓은 습할 때 반투명한 크림색에서 가운데부터 마르면서 백색으로 변해간다. 주름살은 백색으로 간격이 성기고 연결 주름살이 있다. 자루는 백색이고 기부 주변에는 백색의 균사가 발달한다.

말총낙엽버섯

낙엽버섯과

Marasmius crinis-equi Muell ex Karlchbr.

발생 여름부터 가을까지 | 활엽수 죽은 가지 위

특징 갓은 종 모양에서 반원 모양이 되며, 표면은 백색에서 황갈색으로 변하고 방사상의 홈이 있다. 주름살은 백색으로 떨어져 붙은 모양이며, 간격이 매우 성기다. 자루는 흑색으로 머리카락 모양이다.

앵두낙엽버섯 _종이꽃낙엽버섯

Marasmius pulcherripes Peck.

발생 여름부터 가을까지 | 침엽수림·활엽수림 내의 낙엽 위

특징 갓은 종 모양으로 분홍색, 자홍색에 주름이 있고, 방사상의 홈이 나타난다. 주름살은 백색으로 바르게 붙은 모양이며, 간격이 매우 성기다. 자루는 철사 모양으로 매끄럽고 흑갈색이다.

자주색줄낙엽버섯

낙엽버섯과

Marasmius purpureostriatus Hongo

발생 여름부터 가을까지 | 활엽수림 내의 낙엽, 떨어진 나뭇가지 위

특징 갓은 분홍색, 자홍색으로 주름이 있고 방사상의 홈이 있다. 주름살은 백색으로 바르게 붙은 모양이며, 간격이 성기다. 자루는 철사 모양으로 매끄러운 흑갈색이며 위쪽은 백색이다.

큰낙엽버섯

Marasmius maximus Hongo

발생 봄부터 가을까지 | 대나무 숲, 숲속 낙엽 위

특징 갓은 연한 황갈색으로 마르면 허연색이 되고 방사상의 홈이 있다. 주름살은 갓보다 연한 색으로 간격이 성기다. 자루는 연한 황갈색으로 위아래 굵기가 같은 막대 모양이며 섬유 모양으로 변한다.

깔때기큰솔버섯

낙엽버섯과

Megacollybia clitocyboidea R.H. Petersen, Takehashi.

발생 여름부터 가을까지 | 침엽수·활엽수의 고목 위 또는 주변

특징 갓은 회흑색에서 회색, 회갈색, 흑갈색으로 변하며 부스럼이나 비늘이 없이 매끈하고 광택이 있다. 주름살은 백색에서 크림색으로 변해가며 날 끝은 매끄럽고 흑갈색을 띠며 간격이 성기다. 턱받이는 없다.

넓은옆버섯 _잎사귀버섯

Pleurocybella porrigens (Pers.) Singer

발생 가을 | 침엽수(삼나무, 전나무, 가문비나무 등) 그루터기 위

특징 갓은 백색으로 매끄러우며 귀 모양이나 부채 모양 또는 주걱 모양으로 변하고, 가장자리가 안쪽으로 말려 있다. 주름살은 백색에서 백황색으로 변해가고 간격이 촘촘하다. 기부에는 짧은 털이 덮여 있다.

검은마른가지버섯 _줄기검은대버섯

낙엽버섯과

Tetrapyrgos nigripes (Schw.) E. Horak

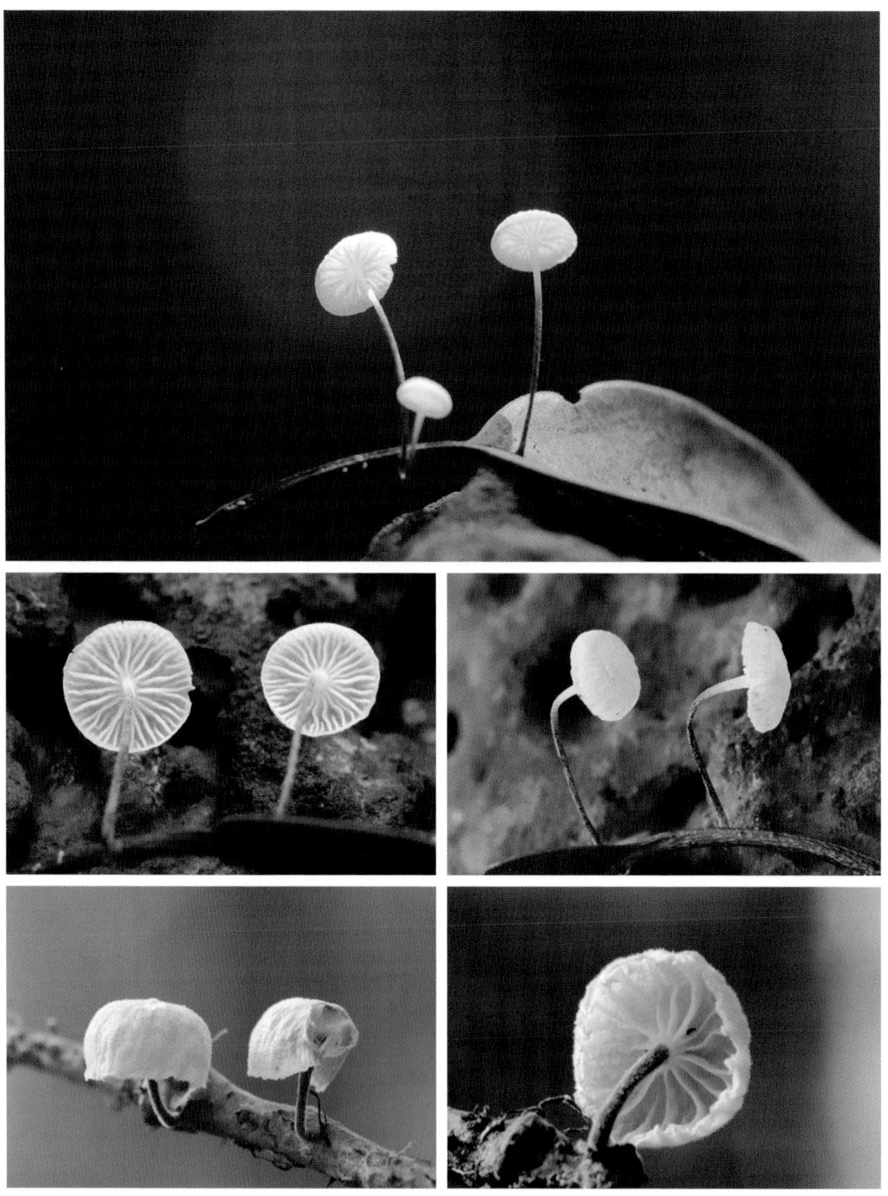

발생 여름부터 가을까지 | 활엽수 낙엽이나 잔가지, 초본식물 줄기 위

특징 갓은 백색으로 미세한 흰 가루가 덮여 있고 방사상의 홈이 있다. 주름살은 백색에서 크림색으로 변해가고, 주름살 사이에 작은 연결주름살이 있다. 자루는 아래쪽부터 검은색을 띤다.

난버섯

Pluteus cervinus (Schaeff.) P. Kumm.

발생 봄부터 가을까지 | 활엽수의 고목이나 그루터기, 줄기 위

특징 갓은 암갈색~회갈색, 회색으로 섬유 같은 무늬 또는 가는 인편으로 덮여 있고 방사상의 섬유 무늬가 있다. 주름살은 백색에서 연한 홍색으로 변해간다. 자루는 백색 바탕에 섬유 무늬가 있다.

난버섯아재비 _깃발난버섯

Russula fragilis Fr.

발생 봄부터 가을까지 | 침엽수 죽은 줄기 위, 톱밥 더미 위

특징 갓은 흑갈색에서 점차 회갈색으로 변해가며 가운데는 진하다. 주름살은 백색에서 분홍색으로 변해간다. 자루는 흑갈색의 세로로 된 섬유 무늬가 아래쪽으로 진해지고 기부 쪽으로 갈수록 굵어진다.

노란난버섯

Pluteus leoninus (Schaeff.) P. Kumm.

발생 봄부터 가을까지 | 활엽수 죽은 줄기 위

특징 갓은 노란색으로 매끄럽고 습할 때 가장자리에 짧게 방사상의 선이 나타난다. 주름살은 백색에서 연한 홍색으로 변해가고, 간격이 촘촘하다. 자루는 섬유 모양으로 세로줄이 있다.

벌집난버섯

난버섯과

Pluteus thomsonii (Berk. & Br.) Dennis

발생 가을 | 활엽수 썩은 그루터기나 줄기 위

특징 갓은 갈색에서 흑갈색으로 변해가며 가운데부터 융기한 그물 모양이 가장자리를 향해 뻗어 있다. 주름살은 백색에서 연한 적갈색으로 변해간다. 자루는 세로로 된 섬유 모양 무늬가 있다.

호피난버섯

Pluteus pantherinus Courtec. & M. Uchida

발생 여름부터 가을까지 | 활엽수 죽은 줄기 위

특징 갓은 갈색 바탕에 허연 백황색의 크고 작은 반점으로 얼룩져 있고 미세한 벨벳 같은 모양이다. 주름살은 백색에서 연한 홍색으로 변해간다. 자루는 백황색이고 미세하게 세로로 된 섬유 모양이다.

갈색먹물버섯 _갈색쥐눈물버섯

눈물버섯과

Coprinellus micaceus (Bull.) Vilgalys, Hopple & Johnson

발생 봄부터 가을까지 | 활엽수 그루터기나 줄기, 땅에 묻힌 나무 위

특징 갓은 연한 황갈색으로 백색의 인편이 덮여 있고 방사상의 긴 홈이 있다. 주름살은 백색에서 자갈색을 거쳐 흑색으로 변해가고, 간격이 촘촘하다. 자루는 백색으로 미세한 가루가 덮여 있다.

꼬깔갈색먹물버섯 _고깔쥐눈물버섯

눈물버섯과

Coprinellus disseminatus (Pers.: Fries) J. E. Lange

발생 봄부터 가을까지 | 활엽수 썩은 그루터기나 줄기 위

특징 갓은 백황색에서 회색으로 변해가며 방사상의 홈이 나타난다. 어릴 때는 백색 솜털이 덮여 있다가 떨어진다. 주름살은 백색에서 회색~흑갈색으로 변해가고, 간격이 성기다. 자루는 백색의 섬유 모양이다.

노랑갈색먹물버섯 _노랑쥐눈물버섯

눈물버섯과

Coprinellus radians (Desm.) Vilgalys, Hopple & Jacq. Johnson

발생 여름부터 가을까지 | 활엽수 썩은 줄기, 땅에 묻힌 나무 위

특징 갓은 황갈색으로 백색의 솜털이나 비듬 모양의 인편이 덮여 있고 방사상의 홈이 있다. 주름살은 백색에서 흑자색으로 변해가고 간격이 촘촘하다. 기부에는 황갈색의 거친 균사가 있다.

반침대갈색먹물버섯 _받침대쥐눈물버섯

Coprinellus domesticus (Bolton) Vilgalys, Hopple & Johnson

발생 봄부터 여름까지 | 활엽수 썩은 그루터기나 줄기 위

특징 갓은 황갈색으로 인편이 전면에 덮여 있고 방사상의 홈이 있다. 주름살은 백색에서 흑자색으로 변해가고 간격이 촘촘하다. 기주인 썩은 나무 위에 오렌지색~황갈색의 균사층이 형성된다.

두엄먹물버섯 _두엄흙물버섯

눈물버섯과

Coprinopsis atramentaria (Bull.: Fr.) Redhead,

발생 봄부터 가을까지 | 공원, 정원, 풀밭, 썩은 나무 근처, 땅 위

특징 갓은 회색~연한 회갈색이고 갈색의 인편으로 덮여 있다가 매끄러워지며, 방사상으로 찢어진다. 주름살은 백색에서 자갈색을 거쳐 흑색으로 변해가며, 가장자리가 액화해 사라진다. 자루 속은 비어 있다.

국명 미지정 _애기두엄먹물버섯

Coprinopsis ephemeroides (DC.) G. Moreno

발생 봄부터 가을까지 | 말이나 소의 배설물 위

특징 갓은 백색~회백색으로 전면에 백색~담황토색의 분질물이 덮여 있고, 성장하면 가장자리에 홈이 나타나며 방사상으로 찢어진다. 주름살은 허연색에서 흑색으로 변해가며 간격이 성기다.

큰눈물버섯

눈물버섯과

Lacrymaria lacrymabunda (Bull.) Pat.

발생 여름부터 가을까지 | 길가, 공원, 숲속 풀밭 땅 위

특징 갓은 적갈색에서 갈색, 황갈색으로 변해가며 섬유 모양의 인편이 덮여 있고, 가장자리에 내피막 조각이 붙어 있다. 주름살은 연한 황색에서 자갈색으로 변해간다. 자루의 기부는 약간 부풀어 있다.

말똥버섯

눈물버섯과

Panaeolus papilionaceus (Bull.) Quél

발생 봄부터 가을까지 | 말이나 소의 배설물 위

특징 갓은 둥근 산 모양이며 연한 회색으로, 가운데는 황토색 또는 갈색이며 매끄럽다. 주름살은 회색에서 흑색으로 변해가고 간격이 성기다. 자루는 연붉은 갈색을 띠며 미세한 가루가 붙어 있다.

잔디말똥버섯

눈물버섯과

Panaeolus reticulatus Overh.

발생 봄부터 여름까지 | 잔디밭, 풀밭, 이끼 사이

특징 갓은 습할 때는 황갈색~적갈색이고 옅은 색의 테 무늬가 있으나, 건조하면 무늬가 사라지고 연한 갈색이 된다. 주름살은 암갈색에서 흑갈색으로 변해간다. 자루는 백색 가루로 덮여 있다.

흰계란말똥버섯

눈물버섯과

Panaeolus antillarum (Fr.) Dennis

발생 여름부터 가을까지 | 말이나 소의 배설물 위

특징 갓은 흰색, 연한 회색으로 매끄러우나 가늘게 찢어지며 방사상의 주름이 있다. 주름살은 회색에서 흑색으로 변해가고 올려 붙은 모양이다. 자루는 백색으로 미세한 분말이 덮여 있다.

양산버섯

눈물버섯과

Parasola plicatilis (Curtis) Redhead, Vilgalys & Hopple

발생 여름부터 가을까지 | 잔디밭, 풀밭, 길가, 숲 땅 위

특징 갓은 연한 황갈색에서 회색으로 변해가며, 방사상의 홈이 성숙하면서 우산살 모양이 된다. 주름살은 회색에서 회흑색으로 변해가고 간격이 성기다. 기부에는 백색의 균사가 덮여 있다.

눈물버섯

Psathyrella corrugis (Pers.) Konrad & Maubl.

발생 여름부터 가을까지 | 낙엽 사이, 풀밭, 떨어진 나뭇가지 위

특징 갓은 회갈색에서 크림 황색으로 변해가며 줄무늬가 거의 가운데까지 있다. 주름살은 연한 회색에서 흑갈색으로 변해가고 간격이 성기다. 자루는 백색이고 기부에는 흰 털이 덮여 있다.

족제비눈물버섯

눈물버섯과

Psathyrella candolleana (Fr.) Maire

발생 여름부터 가을까지 | 활엽수 그루터기나 줄기 위

특징 갓은 연한 황색, 연한 황갈색에서 연한 백황색으로 변해가며 가장자리에 외피막 조각이 붙어 있다. 주름살은 백색에서 자갈색으로 변해가고 간격이 촘촘하다. 자루는 백색으로 속은 비어 있다.

애기꼬막버섯

느타리과

Hohenbuehelia reniformis (G. Meyer) Singer

발생 여름 | 활엽수 죽은 줄기나 가지 위

특징 갓은 연한 회갈색 반원 모양에서 부채 모양으로 미세한 털이 덮여 있고, 기부 쪽 털이 더 길다. 주름살은 백색에서 연한 회색이 되며, 자루가 매우 짧거나 없다. 기부에 백색의 털이 덮여 있다.

느타리

느타리과

Pleurotus ostreatus (Jacq.) P. Kumm.

발생 늦가을부터 이듬해 봄까지 | 활엽수 죽은 그루터기나 줄기 위

특징 갓은 푸른빛을 띤 검은색에서 잿빛, 흰색으로 변하며 반원 또는 약간 부채 모양이다. 주름살은 백색에서 연한 회색으로 변해가고 내려 붙은 모양이다. 기부에는 백색의 털이 덮여 있다.

산느타리

Pleurotus pulmonarius (Fr.) Quel.

발생 봄부터 가을까지 | 활엽수 죽은 줄기나 가지 위

특징 갓은 회백색, 연한 회색, 백색, 황색으로 부채꼴로 펴진다. 주름살은 백색에서 연한 황색으로 변해가고 내려 붙은 모양이며, 간격이 촘촘하다. 기부에 백색의 미세한 털이 덮여 있다.

귀버섯

땀버섯과

Crepidotus mollis (Schaeff.) Staude

발생 여름부터 가을까지 | 침엽수·활엽수 그루터기나 죽은 줄기 위

특징 갓은 크림색, 백색, 회갈색으로 매끄럽거나 연한 갈색의 미세한 털로 덮여 있다. 주름살은 연한 백황색에서 연한 회갈색, 연한 적갈색으로 변해간다. 자루는 거의 없고, 기부가 연한 털로 덮여 있다.

노랑털귀버섯 _노루털귀버섯

Crepidotus badiofloccosus Imai

발생 여름부터 가을까지 | 활엽수 죽은 줄기 위

특징 갓은 연한 백황색 바탕에 갈색의 털이 무성하게 덮여 있고 조개껍데기 모양, 콩팥 모양이다. 주름살은 백황색에서 회갈색으로 변해간다. 기부에 황갈색으로 변해가는 연한 털이 덮여 있다.

평평귀버섯

땀버섯과

Crepidotus applanatus (Pers.) P. Kumm

발생 여름부터 가을까지 | 활엽수 죽은 줄기 위

특징 갓은 백색, 연한 황색, 황갈색으로 부채꼴, 반원, 콩팥 모양이 된다. 주름살은 백색에서 녹슨 갈색으로 변해가고 간격이 촘촘하다. 기주와 접하는 부분에는 백색의 연한 털이 덮여 있다.

노란땀버섯

땀버섯과

Inocybe lutea Kobayasi & Hongo

발생 여름부터 가을까지 | 활엽수림 내의 땅 위

특징 갓은 황색에서 황갈색으로 변해가며 방사상으로 갈라진다. 주름살은 황색에서 적갈색으로 변해가고 간격이 촘촘하다. 자루는 황색으로 위쪽에 가루가 붙어 있고, 기부가 크게 부풀어 있다.

둥근포자땀버섯

땀버섯과

Inocybe sphaerospora Kobay

발생 여름부터 가을까지 | 활엽수림 내의 땅 위

특징 갓은 연한 노란색이고 방사상으로 갈라진 줄무늬가 있다. 주름살은 황색에서 탁한 갈색으로 변해가고 간격이 촘촘하다. 자루는 연한 황색이고 아래쪽은 황토색을 띤 살색으로 섬유 모양이다.

삿갓땀버섯

땀버섯과

Inocybe asterospora Quél.

발생 여름부터 가을까지 | 침엽수림 · 활엽수림 내의 땅 위

특징 갓은 적갈색에서 회갈색으로 변하고 방사상으로 갈라져 섬유 모양이 된다. 주름살은 백색에서 적갈색으로 변해가고 간격이 약간 성기다. 자루 위쪽에 백색 가루가 붙어 있고, 기부는 공 모양이다.

솔땀버섯

땀버섯과

Inocybe rimosa (Bull.) P. Kumm.

발생 여름부터 가을까지 | 침엽수림 · 활엽수림 내의 땅 위

특징 갓은 황토색, 황토갈색으로 가운데는 현저히 돌출되고 방사상으로 갈라져 섬유 모양이 된다. 주름살은 탁한 백색에서 회색 기가 있는 황토색을 거쳐 녹갈색으로 변해간다. 기부는 약간 부풀어 있다.

애기비늘땀버섯

땀버섯과

Inocybe nodulosospora Kobayasi

발생 여름부터 가을까지 | 이끼 사이, 숲속 땅 위

특징 갓은 회갈색에서 암갈색으로 변하고 백색의 털이 덮여 있으며, 섬유 모양의 표피가 갈라져 비늘 모양의 인편이 된다. 주름살은 탁한 백색에서 갈색으로 변해 간다. 자루에는 가는 가루가 붙어 있다.

애기흰땀버섯

땀버섯과

Inocybe geophylla (Bull.) P. Kumm.

발생 여름부터 가을까지 | 침엽수림 · 활엽수림 내의 땅 위

특징 갓은 백색이지만 때로는 자주색을 띠고 비단 같은 광택이 나며, 방사상으로 가늘게 갈라진 섬유 모양이다. 주름살은 백색에서 회백색으로 변해간다. 자루 위쪽에 미세한 가루가 있고, 기부가 조금 부푼다.

젖은땀버섯

땀버섯과

Inocybe paludinella (Peck) Sacc.

발생 여름부터 가을까지 | 숲속 습한 땅 위

특징 갓은 백황색~연한 황색에서 연한 황토색으로 변해가고, 비단 모양이나 섬유 모양이다. 주름살은 백황색에서 녹갈색으로 변해간다. 자루 표면에 미세한 가루가 덮여 있고, 기부는 부풀어 있다.

큰비늘땀버섯

땀버섯과

Inocybe calamistrata (Fr.) Gillet

발생 여름부터 가을까지 | 침엽수림 내의 땅 위

특징 갓은 회갈색에서 암갈색으로 변해가며 곱슬머리같이 갈라진 인편이 덮여 있다. 주름살은 연한 갈색에서 녹슨 갈색으로 변해간다. 자루는 섬유 모양 인편이 덮이고 아래쪽은 청록색을 띤다.

회보라땀버섯

Inocybe griceolilacina Lange

발생 여름부터 가을까지 | 이끼 사이, 활엽수림 내의 땅 위

특징 갓은 회갈색이지만 자주색이 섞여 보이고 나중에는 황갈색으로 변해간다. 주름살은 자줏빛을 띤 회색에서 회갈색으로 변해가며 끝에 붙은 모양이다. 자루는 부분적으로 자주색을 띤다.

요정버섯

땀버섯과

Simocybe centunculus (Fr.) P. Karst

발생 봄부터 가을까지 | 활엽수 그루터기나 줄기 위

특징 갓은 진한 올리브 갈색, 암록갈색, 암황토갈색에서 성숙하면 연한 색으로 변하고, 벨벳 같은 솜털로 덮여 있다. 주름살은 올리브색 기가 도는 황색으로 간격이 성기다. 자루의 기부에는 백색의 털이 덮여 있다.

겨나팔버섯

땀버섯과

Tubaria furfuracea (Pers.) Gill.

발생 초봄부터 초겨울까지 | 땅에 묻힌 나무나 떨어진 나뭇가지 위

특징 갓은 연한 갈색에서 밝은색이 되고 습할 때는 방사상의 선이 있다. 주름살은 살색에서 탁한 오렌지 갈색으로 변해가고, 간격이 성기다. 자루는 매끄럽고 기부에 솜털 모양의 흰 균사체가 있다.

국명 미지정 _좀환각버섯

막질버섯과(가칭)

Deconica coprophila (Bull.) P. Karst

발생 여름부터 가을까지 | 말이나 소의 배설물 위

특징 갓은 연한 갈색 또는 적갈색을 띠고, 끈적거리고 습할 때는 가장자리에 줄무늬가 나타난다. 주름살은 연한 회갈색에서 검은색으로 변해간다. 자루는 원통형이며 미세한 섬유 무늬가 있다.

갈잎에밀종버섯 _황갈색황토버섯

막질버섯과(가칭)

Galerina helvoliceps (Berk. & Curt.) Singer

발생 봄부터 가을까지 | 침엽수·활엽수의 죽은 그루터기, 가지 위

특징 갓은 갈색, 황갈색이고 습할 때는 가장자리에 방사상의 줄무늬가 있다. 주름살은 연한 백황색에서 적갈색으로 변해간다. 자루는 턱받이 위쪽은 탁한 황색이고 아래쪽은 어두운 갈색이다.

갈황색미치광이버섯

막질버섯과(가칭)

Gymnopilus junonius (Fr.) P.D.Orton

발생 여름부터 가을까지 | 활엽수(드물게 침엽수) 썩은 부분

특징 갓은 오렌지 황색에서 어두운 황갈색으로 변한다. 주름살은 황색에서 밝은 녹슨 갈색으로 변해가고 간격이 촘촘하다. 턱받이는 포자가 내려앉아 녹슨 색이다. 자루는 기부 쪽으로 약간 방추 모양이다.

미치광이버섯 _솔미치광이버섯

Gymnopilus liquiritiae (Pers.) P. Karst.

발생 봄과 가을 | 침엽수 썩은 줄기 위

특징 갓은 적갈색에서 성숙하면 황색이 더해진 적갈색으로 되며, 가장자리에 약간 줄무늬가 있다. 주름살은 황색에서 녹슨 갈색으로 변해간다. 자루는 녹슨 갈색이며 세로로 된 섬유 모양이다.

침투미치광이버섯

막질버섯과(가칭)

Gymnopilus penetrans (Fr.) Murrill

발생 여름부터 가을까지 | 주로 침엽수(활엽수) 썩은 줄기 위

특징 갓은 오렌지 황색에서 황갈색으로 변해가고 매끄러우며, 가장자리는 날카롭다. 주름살은 연한 황색에서 진한 황색, 적황색으로 변해가고 간격이 촘촘하다. 자루는 세로로 된 섬유 모양이다.

긴뿌리자갈버섯 _긴꼬리자갈버섯

막질버섯과(가칭)

Hebeloma spoliatum (Fr.) Gillet

발생 여름부터 가을까지 | 동물의 배설물이나 사체가 묻힌 땅 위

특징 갓은 황토갈색에서 밤갈색으로 변하고 표면이 매끄럽다. 주름살은 탁한 백색에서 탁한 갈색으로 변해가고 간격이 촘촘하다. 자루는 섬유 모양이고, 기부가 뿌리처럼 땅속으로 길게 뻗어 있다.

청환각버섯

막질버섯과(가칭)

Psilocybe subcaerulipes Hongo

발생 여름부터 가을까지 | 유기질 땅 위

특징 갓은 습할 때 암갈색에서 황갈색으로, 건조할 때 연한 황갈색에서 회갈색으로 변해간다. 주름살은 회갈색에서 흑갈색으로 변해가고 간격이 약간 촘촘하다. 가벼운 상처에도 청색으로 변한다.

덧부치버섯 _덧붙이버섯

만가닥버섯과

Asterophora lycoperdoides (Bull.) Ditmar

발생 여름부터 가을까지 | 무당버섯과의 늙은 버섯 위에 기생

특징 갓은 백색으로 성숙하면 가운데가 진흙 같은 갈색의 가루 덩이로 변한다. 주름살은 백색으로 바르게 붙은 모양이며 간격이 성기다. 자루는 어릴 때 백색에서 점차 갈색 기가 더해지며, 섬유 모양이다.

잿빛만가닥버섯

만가닥버섯과

Lyophyllum decastes (Fr.) Sing.

발생 봄과 가을 | 숲속, 길가, 풀밭 등 땅 위

특징 갓은 진한 올리브 갈색에서 회갈색으로 변하며, 솜털이나 섬유 모양의 인편이 있다. 주름살은 옅은 백황색에서 옅은 황색으로 변해간다. 자루 아래쪽은 부풀어 있고 백색의 균사로 덮여 있다.

꽃버섯

벚꽃버섯과

Hygrocybe conica (Schaeff.) P. Kummer

발생 여름부터 가을까지 | 길가, 풀밭, 숲속 땅 위

특징 갓은 매끄럽고 적색, 주황색, 황색이며 만지거나 오래되면 흑색으로 변한다. 주름살은 연한 황색으로 간격이 약간 촘촘하다. 자루는 섬유 모양의 세로줄이 있으며 차차 흑색으로 변한다.

끈적노랑꽃버섯

벚꽃버섯과

Hygrocybe chlorophana (Fr.) Wünsche

발생 여름부터 가을까지 | 풀밭, 활엽수림 내의 땅 위

특징 갓은 오렌지 황색, 레몬 황색, 밝은 황색, 옅은 회황색으로 변하고 습할 때는 가장자리에 방사상의 선이 나타난다. 주름살은 밝은 백황색~레몬 황색으로 간격이 성기다. 자루는 갓과 같은 색으로 매끄럽다.

이란성꽃버섯 _이란성무명버섯

벚꽃버섯과

Hygrocybe firma (Berk. & Br.) Sing

발생 여름부터 가을까지 | 길가, 풀밭, 숲속 땅 위

특징 갓은 둥근 산 모양이면서 가운데가 오목하고, 진한 적색~주홍색이다. 주름살은 연한 적색으로 내려 붙은 모양이며, 간격이 성기다. 자루는 갓과 같은 색이나 아랫부분은 연한 색을 띤다.

질산꽃버섯 _질산벚꽃버섯

벚꽃버섯과

Hygrocybe nitrata (Pers.) Wünsche

발생 여름 | 주로 잔디밭 땅 위

특징 갓은 깔때기 모양으로 회갈색~진한 갈색이고 건조할 때는 황토갈색을 띠며, 진한 색의 섬유 모양 줄무늬가 있다. 주름살은 탁한 백색으로 상처가 난 부분은 갈색으로 변한다. 자루는 굽어 있다.

화병꽃버섯

Hygrocybe cantharellus (Schw.) Murr.

발생 여름부터 가을까지 | 침엽수림 · 혼합림 내의 땅 위, 물이끼 사이

특징 갓은 진한 적색에서 오렌지 적색, 황적색~황색으로 변하며 같은 색의 비늘로 덮여 있다. 주름살은 백색에서 크림색~연한 황색으로 변해간다. 기부 쪽은 자루보다 연한 색을 띤다.

뽕나무버섯

뽕나무버섯과

Armillaria mellea (Vahl) P. Kummer

발생 가을 | 침엽수·활엽수 그루터기나 줄기 위, 살아있는 나무 밑

특징 갓은 연한 황갈색이고 황색~황갈색의 털 모양 인편이 있다. 주름살은 백색인데 점차 연한 갈색 얼룩이 생기며, 간격이 약간 촘촘하다. 자루는 턱받이 아래쪽은 백색~황색의 인편이 붙어 있다.

뽕나무버섯부치 _뽕나무버섯붙이

Armillaria tabescens (Scop.) R.A. Koch & Aime

발생 여름부터 가을까지 | 활엽수 그루터기나 줄기, 살아 있는 나무뿌리 위

특징 갓은 황색에서 연한 황갈색으로 변하고, 가운데 갈색의 인편이 밀집되어 있다. 주름살은 백색이다가 갈색 얼룩이 생기며, 간격이 약간 촘촘하다. 자루는 세로로 된 섬유 모양이고, 기부가 암갈색이다.

등색가시비녀버섯

뽕나무버섯과

Cyptotrama asprata (Berk.) Redhead et Ginns

발생 여름 | 활엽수 죽은 줄기, 떨어진 나뭇가지 위

특징 갓은 등황색 바탕에 가시 모양의 오렌지색 인편이 전면에 덮여 있다. 주름살은 백색으로 간격이 성기다. 자루는 보통 굽어 있고 황색, 오렌지 황색 솜털 모양의 인편이 덮여 있으며, 기부가 부풀어 있다.

팽나무버섯 _팽이버섯

뽕나무버섯과

Flammulina velutipes (Curt.) Sing.

발생 늦가을부터 이듬해 봄까지 | 활엽수 그루터기나 줄기 위

특징 갓은 끈기가 많고 황색에서 황갈색으로 진해지며 가장자리는 옅은 색이다. 주름살은 백색에서 연한 황색으로 변해가고 올려 붙은 모양이며, 간격이 약간 성기다. 자루에는 벨벳 같은 짧은 털이 덮여 있다.

긴꼬리버섯 _민긴뿌리버섯

뽕나무버섯과

Hymenopellis radicata (Relhan) R.H. Petersen

발생 여름부터 가을까지 | 침엽수림 · 활엽수림 내의 땅 위

특징 갓은 진한 갈색에서 연한 갈색~연한 회갈색으로 변하고, 심하게 주름져 있다. 주름살은 백색으로 바르게 붙은 모양이며, 간격이 약간 성기다. 자루는 길고, 기부는 부풀며 긴 뿌리 모양이다.

끈적끈끈이버섯 _끈적민뿌리버섯

뽕나무버섯과

Mucidula mucida (Schrad.) Pat.

발생 여름부터 가을까지 | 활엽수 죽은 줄기 위

특징 갓은 탁한 백색으로 습할 때는 끈적거리고 가장자리에 약간 줄무늬가 나타난다. 주름살은 백색으로 바르게 붙은 모양이며 간격이 성기다. 턱받이는 백색의 막질로 자루 위쪽에 붙어 있다.

작은맛솔방울버섯 _맛솔방울버섯

뽕나무버섯과

Strobilurus stephanocystis (Hora) Singer

발생 늦가을부터 봄까지 | 침엽수림 내 땅속에 묻혀 있는 솔방울 위

특징 갓은 흑갈색, 회갈색 또는 황토색이고 때로는 회백색이다. 주름살은 백색으로 올려 붙은 모양이다. 자루는 가는 털로 덮여 있고, 위쪽은 백색이고 아래쪽은 밝은 황갈색을 띤다. 기부는 솔방울에 붙어 있다.

뿌리버섯 _털긴뿌리버섯

Xerula pudens (Pers.) Singer

발생 여름부터 가을까지 | 활엽수림 내의 땅 위

특징 갓은 회갈색에서 암갈색으로 변하고 벨벳과 같은 가는 털로 덮여 있다. 주름살은 백색에서 크림색으로 변해가고 간격이 성기다. 자루는 오렌지 갈색의 미세한 털이 덮여 있고 긴 뿌리 모양이다.

소똥버섯

소똥버섯과

Bolbitius titubans var. olivaceus (Gillet) Arnolds

발생 봄부터 가을까지 | 톱밥 더미, 짚 더미, 두엄, 말똥 위

특징 갓은 노란색, 마르면서 올리브색, 암갈색으로 짙어지고 큰 그물 모양의 주름이 생긴다. 주름살은 백색에서 적갈색으로 변해가며 간격이 촘촘하다. 자루에 가루 또는 인편으로 덮여 있다.

노란종버섯

Conocybe apala (Fr.) Arnolds

발생 여름부터 가을까지 | 목초지, 길가, 잔디밭 땅 위

특징 갓은 짧고 부드러운 털로 덮여 있다가 매끈해지고 가운데는 황토색이다. 주름살은 황갈색에서 녹슨 색으로 변해가고 간격이 촘촘하다. 자루는 가는 털로 덮여 있고, 기부가 둥글게 부풀어 있다.

도토리종버섯

소똥버섯과

Conocybe fragilis (Peck) Singer

발생 봄부터 가을까지 | 길가, 정원, 밭 등 유기질 땅 위

특징 갓은 자주 적색에서 옅은 색으로 변하고, 가장자리에 있는 선은 마르면 사라진다. 주름살은 크림색에서 황갈색을 거쳐 적갈색으로 변해간다. 자루에는 세로 선이 있고 가는 가루로 덮여 있다.

솜털종버섯 _털종버섯

Conocybe pilosella (Pers.) Kühn

발생 여름부터 가을까지 | 활엽수 썩은 둥치, 두엄이나 땅 위

특징 갓 표면은 평평하고 미끄럽고 습할 때는 어두운 황토갈색이며, 반투명한 줄무늬가 거의 중앙까지 나타난다. 주름살은 연한 갈색에서 황갈색~황토갈색으로 변해간다. 자루는 기부 쪽으로 진하다.

종버섯

소똥버섯과

Conocybe tenera (Schaeff.) Fayod

발생 여름부터 가을까지 | 목초지, 길가, 잔디밭, 유기질 땅 위

특징 갓은 습할 때는 적갈색이고 마르면서 황갈색으로 변해가며, 줄무늬가 있다. 주름살은 백황색에서 갈색으로 변해간다. 기부는 부풀고 자루에 세로선이 있고, 미세한 가루 털로 덮여 있다.

노란턱돌버섯

소똥버섯과

Descolea flavoannulata (L. Vass.) E. Horak

발생 여름부터 가을까지 | 침엽수림 · 활엽수림 내의 땅 위

특징 갓은 황토색에서 어두운 황갈색으로 변해가고 방사상으로 주름져 있다. 주름살은 황갈색에서 적갈색으로 변해가고 간격이 약간 성기다. 턱받이는 황색의 막질로 윗면에 선명한 선이 있다.

가랑잎꽃애기버섯 _가랑잎밀버섯

솔밭버섯과

Gymnopus peronatus (Bolt.) Ant., Hall. & Noord.

발생 여름부터 가을까지 | 숲속, 풀밭, 길가 등의 부엽토나 낙엽 위

특징 갓은 습할 때는 황갈색, 연한 갈색으로 방사상의 주름진 선이 나타나고, 건조하면 허옇게 변한다. 주름살은 연한 황갈색으로 간격이 성기다. 자루 아래쪽에 연한 황색의 털이 덮여 있다.

굽은꽃애기버섯 _오렌지밀버섯

Gymnopus dryophilus (Bull.) Murr.

발생 봄부터 가을까지 | 침엽수림 · 활엽수림 내의 부엽토, 낙엽 위

특징 갓은 오렌지빛의 레몬색에서 점차 밝은 황색~크림색으로 변한다. 주름살은 백색에서 크림색으로 변해가고 간격이 촘촘하다. 자루는 매끄럽고 아래쪽은 짙은 색이며, 기부 쪽이 약간 부풀어 있다.

대줄무늬꽃애기버섯

솔밭버섯과

Gymnopus polygrammus (Mont.) J.L. Mata

발생 여름 | 활엽수 그루터기, 죽은 줄기나 가지 위

특징 갓은 적갈색에서 황갈색으로 변해가며 성장하면서 방사상의 요철과 줄무늬가 있다. 주름살은 백색에서 연한 황토색이 가미되고 간격이 약간 촘촘하다. 자루는 미세한 세로줄이 있다.

밀꽃애기버섯 _애기밀버섯

솔밭버섯과

Gymnopus confluens (Pers.) Ant., Halling & Noordel

발생 여름부터 가을까지 | 침엽수림 · 활엽수림 · 혼합림 내의 낙엽 위

특징 갓은 갈색, 적갈색에서 황토갈색, 베이지갈색으로 변해가고 붓으로 그은 듯 섬유 무늬가 있다. 주름살은 크림색으로 간격이 촘촘하다. 자루에 미세한 털과 세로로 섬유 무늬가 있다.

이형꽃애기버섯 _두모양꽃애기버섯

솔밭버섯과

Gymnopus biformis (Peck) Halling

발생 여름 | 침엽수림 · 활엽수림 · 혼합림 낙엽 위

특징 갓은 갈색에서 짚색으로 변해가고 가운데 오목한 부분은 백색을 띠며, 미세한 섬유상 줄무늬가 있다. 주름살은 백색에서 크림색으로 변해간다. 자루 표면이 다소 거친 털로 덮여 있다.

표고버섯

솔밭버섯과

Lentinula edodes (Berk.) Pegler

발생 봄부터 가을까지 | 활엽수 그루터기, 죽은 줄기 위

특징 갓은 다갈색에서 흑갈색으로 변해가고 백색의 가는 솜털 모양의 인편으로 덮여 있다. 주름살은 백색으로 자루에 홈이 파져 붙은 모양이며, 간격이 촘촘하다. 자루가 섬유 모양의 인편으로 덮여 있다.

고려선녀버섯 _갈색선녀버섯

솔밭버섯과

Marasmiellus koreanus Antonín, Ryoo & H.D. Shin

발생 여름부터 가을까지 | 활엽수 죽은 줄기나 가지 위

특징 갓은 회갈색에서 살구색으로 변해가며 가운데부터 가장자리까지 방사상으로 깊이 주름져 있다. 주름살은 백색~크림색으로 간격이 매우 성기다. 자루는 막대 모양으로 가는 인편이 붙어 있다.

하얀선녀버섯

솔밭버섯과

Marasmiellus candidus (Bolt.) Singer

발생 여름 | 죽은 줄기나 가지 위

특징 갓은 백색으로 약간 요철 같은 방사상의 넓은 홈이 있다. 주름살은 백색으로 바르게 붙은 모양이며 간격이 매우 성기고, 주름살 사이에 연결 주름살이 있다. 자루의 기부는 점차 검은색을 띤다.

콩애기버섯

송이과

Collybia cookei (Bres.) J. D. Arnold

발생 늦여름부터 가을까지 | 숲속 부엽토나 썩은 버섯 위

특징 갓은 백색으로 인편 없이 매끄럽고 가장자리는 말려 있다. 주름살은 백색으로 바르게 붙은 모양이며, 간격이 약간 촘촘하다. 자루의 기부에는 콩 모양, 콩팥 모양의 연한 황갈색 균핵이 달려 있다.

유리버섯

송이과

Delicatula integrella (Pers.) Fayod

발생 여름부터 가을까지 | 썩은 나무의 그루터기, 흙 위

특징 갓은 백색으로 매끄럽고 습할 때는 방사상의 선이 보이고, 가장자리는 불규칙한 물결 모양이다. 주름살은 백색으로 간격이 매우 성기다. 자루는 백색이고 반투명하며, 기부는 작고 둥글다.

혹굽다리버섯 _혹깔때기버섯

송이과

Infundibulicybe gibba (Pers.) Harmaja

발생 여름부터 가을까지 | 침엽수림 · 활엽수림 내의 낙엽 위

특징 갓은 연한 황적갈색에서 점차 연한 적갈색으로 변하고 깔때기 모양이다. 주름살은 백색에서 연한 백황색으로 변해가고 내려 붙은 모양이다. 자루는 원기둥 모양이고 기부에 흰 솜털이 덮여 있다.

민자주방망이버섯

송이과

Lepista nuda (Bull. : Fr.) Cooke

발생 가을 | 대나무 숲, 참나무 낙엽 위

특징 갓은 자주색으로 점차 탁한 색으로 변하며 가장자리가 물결 모양이다. 주름살은 자주색으로 간격이 촘촘하다. 자루는 섬유 모양이고, 기부는 부풀고 백색 균사가 덮여 있다.

자주방망이버섯아재비

송이과

Lepista sordida (Schum.) Singer

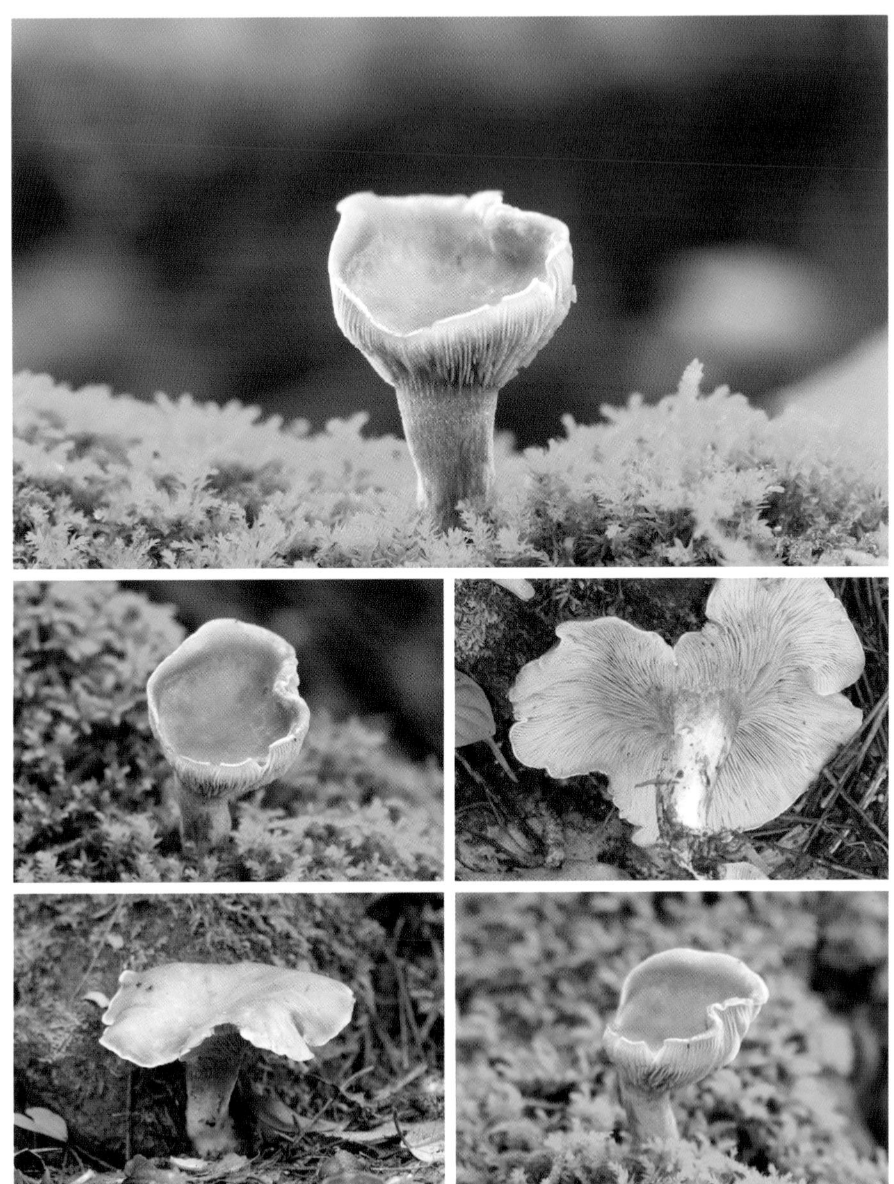

발생 여름부터 가을까지 | 길가, 풀밭, 잔디밭, 유기질 땅 위

특징 갓은 밝고 연한 자주색에서 전체가 자주색이나 회황갈색으로 변한다. 주름살은 연한 자주색으로, 간격이 촘촘하거나 약간 성기다. 자루는 보통 구부러져 있고 세로로 섬유 무늬가 있다.

귀느타리 _노란귀느타리

송이과

Phyllotopsis nidulans (Pers.) Singer

발생 가을부터 초겨울까지 | 침엽수 · 활엽수 그루터기나 줄기 위

특징 갓은 백황색에서 등황색~황색으로 색이 짙어지다가 바래며, 긴 털로 덮여 있고 반원 또는 부채 모양이다. 주름살은 황색으로 내려 붙은 모양이다. 자루 없이 갓 일부가 기주에 붙어 있다.

꽃무늬애버섯

송이과

Resupinatus applicatus (Batsch.) Gray

발생 여름부터 가을까지 | 침엽수·활엽수 죽은 줄기나 가지 위

특징 갓은 진한 회색으로 융털과 흰 가루 같은 것이 덮여 있고 콩팥 모양, 부채 모양, 조개껍데기 모양이 된다. 주름살은 진한 회색으로 사방으로 뻗은 모양이며, 간격이 약간 성기다. 자루는 없다.

쥐털꽃무늬애버섯

송이과

Resupinatus trichotis (Pers.) Singer

발생 여름부터 가을까지 | 침엽수·활엽수 죽은 줄기나 가지 위

특징 갓은 회색으로 방사상의 주름진 선이 있다. 주름살은 회색으로 기주에 부착된 부분에서 방사상으로 배열되어 있으며, 간격이 성기다. 기부에 암갈색 또는 흑갈색 털이 덮여 있다.

흰깔대기소낭버섯 _비단털깔때기버섯

송이과

Singerocybe alboinfundibuliformis Zhu L. Yang, J. Qin & Har. Takah.

발생 여름부터 가을까지 | 활엽수림 내의 부엽토나 낙엽 위

특징 갓은 백색에서 크림색으로 변해가고 깔때기 모양이 된다. 주름살은 백색에서 크림색으로 변해가고 길게 내려 붙은 모양이며, 맥 모양의 주름으로 연결되어 있다. 기부에 백색 균사가 덮여 있다.

노랑가루송이

송이과

Tricholoma aurantiipes Hongo

발생 여름부터 가을까지 | 활엽수림 · 혼합림 내의 땅 위

특징 갓은 연한 황갈색으로 가는 흑갈색의 인편이 전면에 붙어 있다. 주름살은 백색에서 연한 회백색으로 간격이 촘촘하다. 자루는 조금 굽은 원기둥 모양이고, 호박색으로 세로로 된 섬유 모양이다.

땅송이

송이과

Tricholoma terreum (Schaeff.) P. Kumm.

발생 늦여름부터 가을까지 | 침엽수림 · 활엽수림 내의 땅 위

특징 갓은 회색, 회갈색으로 가운데는 거의 흑색이며 섬유상의 솜털 인편으로 덮여 있다. 주름살은 백색, 회색으로 간격이 약간 촘촘하다. 자루는 위아래 굵기가 같고 위쪽에 흰 가루가 붙어 있다.

솔버섯

송이과

Tricholomopsis rutilans (Schaeff.) Singer

발생 여름부터 가을까지 | 침엽수 그루터기나 줄기, 주변 부엽토 위

특징 갓은 황색 바탕에 진한 적갈색에서 진한 적색으로 변해가는 인편이 전면에 붙어 있다. 주름살은 황색으로 간격이 매우 촘촘하다. 자루는 갓과 같은 적갈색의 가는 인편이 조금 붙어 있다.

약한천사버섯

애주름버섯과

Hemimycena pseudocrispula (Kühn.) Sing.

발생 여름부터 가을까지 | 낙엽 퇴적층, 풀 줄기, 잔가지 위

특징 갓은 백색으로 매끈하며, 가장자리가 날카롭고 부분적으로 굴곡 되거나 무딘 톱날 모양이 되기도 한다. 주름살은 백색으로 내려 붙은 모양이며, 간격이 매우 성기다. 자루는 백색으로 가늘다.

가루털애주름버섯

Mycena rhenana Mass Geest. & Winterh

발생 여름부터 가을까지 | 땅에 떨어진 열매, 도토리, 밤송이 위

특징 갓은 연한 회색으로 가장자리는 약간 톱니 모양이다. 주름살은 백색으로 떨어져 붙은 모양이며, 간격이 매우 성기다. 자루에 미세한 가루가 붙어 있고, 기부에 원반 모양의 받침이 있다.

갈색반점애주름버섯

애주름버섯과

Mycena zephirus (Fr. : Fr.) Kumm.

발생 가을 | 침엽수림 · 혼합림 내의 땅 위

특징 갓은 짙은 갈색에서 점차 베이지색~흰색으로 변해가고 갈색 반점으로 얼룩져 있다. 주름살은 백색 또는 매우 옅은 회색이며, 나이가 들면 갈색 반점으로 얼룩진다. 주름살 간격이 약간 성기다.

맑은애주름버섯

애주름버섯과

Mycena pura (Pers.) P. Kummer

발생 봄부터 가을까지 | 침엽수림·활엽수림 내의 낙엽 위

특징 갓은 자주색, 보라색, 살색, 분홍색, 백색 등 변화가 많고 습할 때 줄무늬가 나타난다. 주름살은 연한 홍색, 연한 자주색, 백색으로 간격은 성기고 주름살 사이가 맥으로 연결되어 있다.

받침애주름버섯

애주름버섯과

Mycena chlorophos (Berk. & Cut.) Sacc.

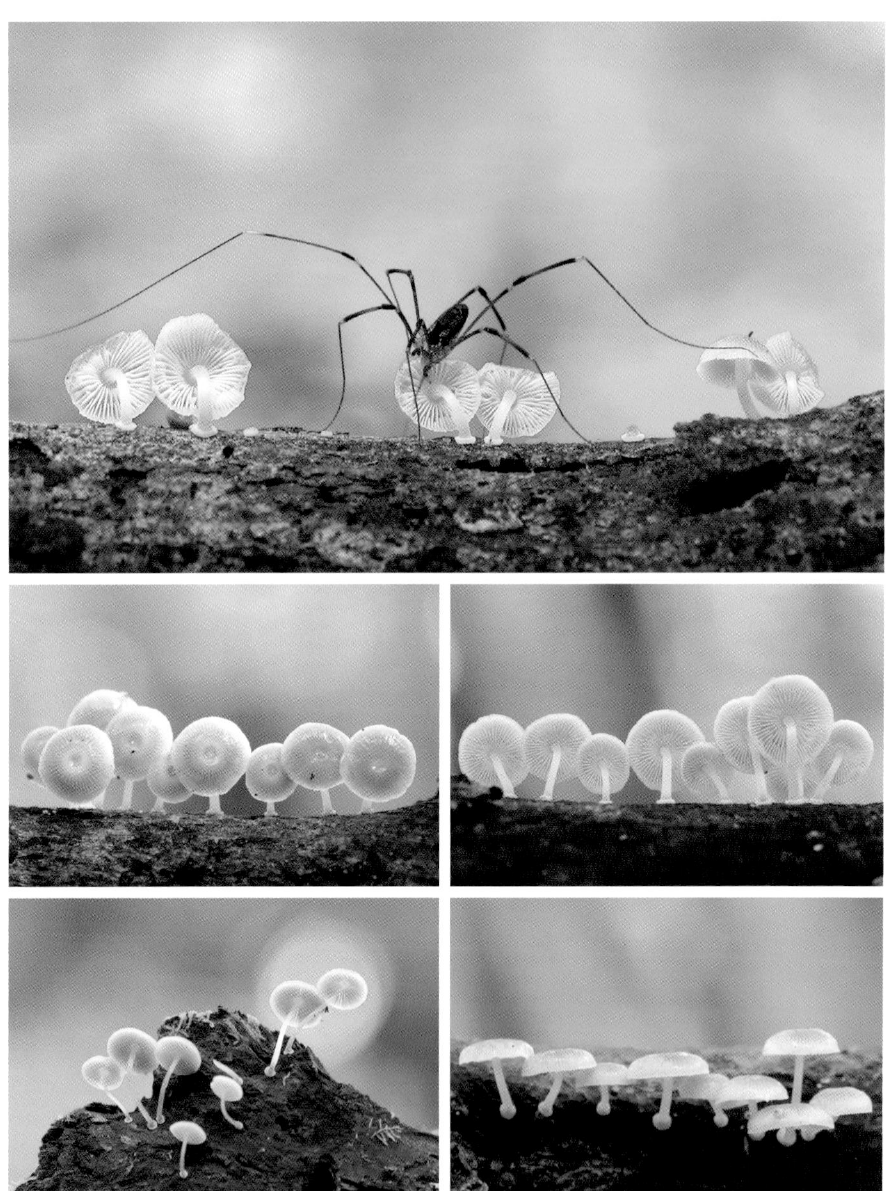

발생 여름부터 가을까지 | 활엽수 죽은 줄기나 가지, 떨어진 가지 위

특징 갓은 연한 회색이고 젤라틴을 함유하고 있어 끈적거린다. 주름살은 백색에서 연한 회색으로 변해가고 간격이 약간 성기다. 자루는 백색이고, 기부에 원형의 빨판 같은 받침이 붙어 있다.

세로줄애주름버섯 _키다리애주름버섯

Mycena polygramma (Bull.) Gray

발생 봄부터 가을까지 | 활엽수의 그루터기, 줄기, 떨어진 나뭇가지, 낙엽 위

특징 갓은 회색, 회갈색으로 섬유질이며 방사상의 긴 줄무늬가 있다. 주름살은 연한 회색으로 간격이 약간 성기다. 자루는 회색으로 세로선이 있고, 기부는 뿌리 모양이고 백색 털이 덮여 있다.

악취애주름버섯

애주름버섯과

Mycena alcalina (Fr.) P. Kummer

발생 봄과 가을 | 침엽수 고목 위, 고목 주변 부식된 땅 위

특징 갓은 회백색으로 가운데는 돌출하며 방사상의 선이 있다. 주름살은 백색이나 연한 회색으로 간격이 성기다. 자루는 갓과 같은 색이며, 기부가 백색의 털로 덮여 있다. 암모니아 냄새가 난다.

애주름버섯 _콩나물애주름버섯

Mycena galericulata (Scop.) Gray

발생 봄부터 가을까지 | 활엽수 그루터기, 썩은 줄기나 가지 위

특징 갓은 회갈색, 황갈색에서 갈색에 가까워지고 습할 때 방사상의 선이 나타난다. 주름살은 백색에서 회색빛이 많아지며 간격이 약간 성기고, 주름살 사이에 가로맥이 있다. 기부에 백색 털이 덮여 있다.

잔다리애주름버섯

애주름버섯과

Mycena tintinnabulum (Batsch) Quél.

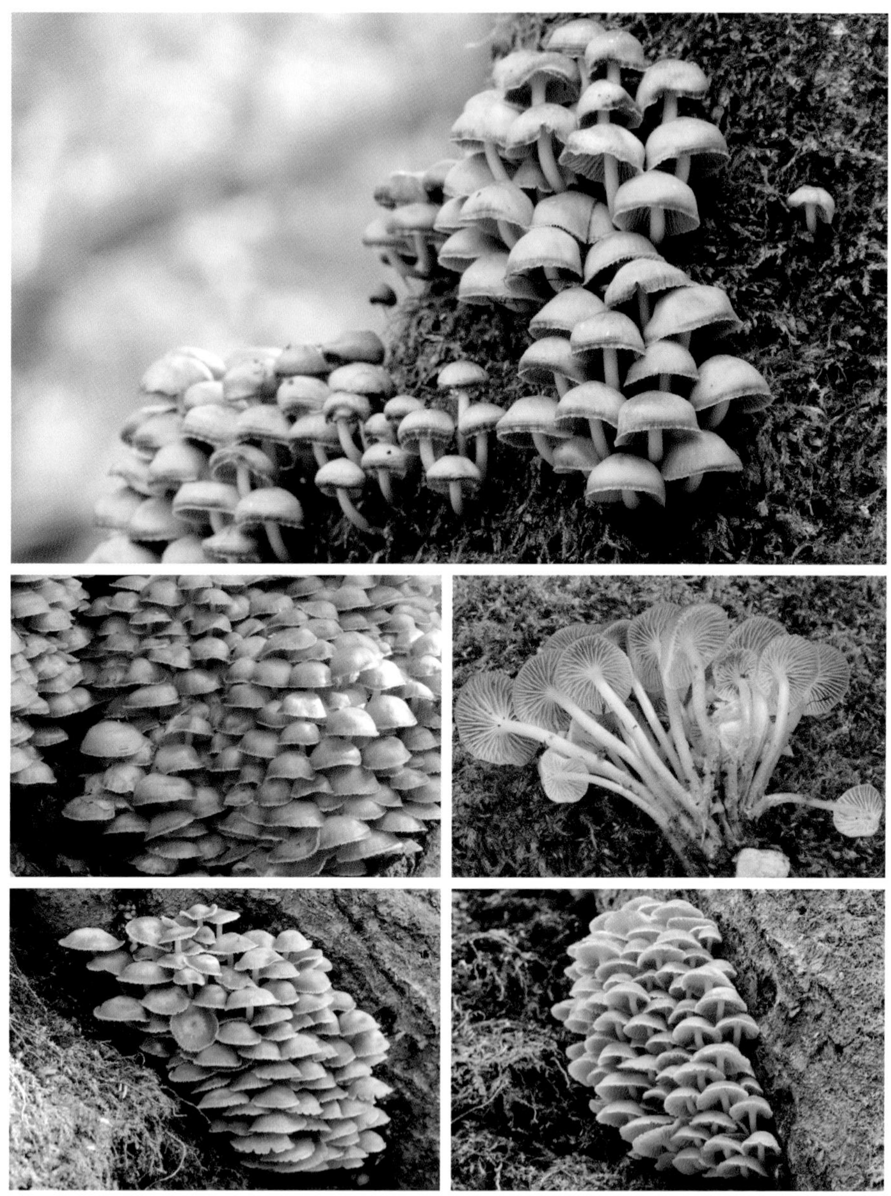

발생 늦겨울부터 초봄까지 | 침엽수·활엽수 줄기 위

특징 갓은 회갈색, 쥐색, 회백색으로, 가장자리에 방사상의 줄무늬가 있다. 주름살은 백색에서 크림색~연한 회갈색으로 변해가고, 간격이 약간 성기다. 자루는 아래로 약간 가늘어지는 막대 모양이다.

적갈색애주름버섯

애주름버섯과

Mycena haematopus (Pers.) P. Kummer

발생 여름부터 가을까지 | 활엽수 썩은 고목이나 그루터기 위

특징 갓은 적갈색, 연한 적자색으로 방사상의 줄무늬가 있고 가장자리는 톱니 모양이다. 주름살은 백색에서 살색, 연한 적자색으로 변해간다. 상처를 받으면 진한 핏빛의 액체가 나온다.

흰애주름버섯

애주름버섯과

Mycena alphitophora (Berk.) Sacc.

발생 여름 | 침엽수·활엽수의 낙엽, 떨어진 가지 위

특징 갓은 백색, 연한 회색을 띠며 전면에 백색의 분말이 덮여 있고 방사상의 홈이 있다. 주름살은 백색으로 간격이 성기다. 자루는 반투명하고 길어 보이는 털이 전면에 붙어 있다.

홍옥애주름버섯

Cruentomycena viscidocruenta (Cleland) R.H. Petersen & Kovalenko

발생 여름부터 가을까지 | 활엽수 죽은 줄기나 가지, 낙엽 위

특징 갓은 붉은색으로 가장자리부터 거의 갓 중앙까지 방사상의 홈이 있다. 주름살은 연한 적색으로 간격이 성기고, 주름살 사이에 연결 맥이 있다. 자루는 갓과 같은 색으로 매끄럽다.

부채버섯

애주름버섯과

Panellus stipticus (Bull.) P. Karst.

발생 여름부터 초겨울까지 | 활엽수 그루터기나 죽은 줄기 위

특징 갓은 연한 황갈색, 연한 황토갈색으로 미세한 털이 덮여 있고, 가장자리에 방사상의 홈이 있다. 주름살은 연한 황갈색으로 간격이 촘촘하고, 연결 맥이 있다. 자루는 미세한 털로 덮여 있다.

참부채버섯

애주름버섯과

Panellus serotinus (Pers.) Kühner

발생 가을 | 활엽수 죽은 줄기 위

특징 갓은 황갈색~자갈색, 녹갈색~녹황색으로 반원~콩팥 모양이며 미세한 털로 덮여 있다. 주름살은 연한 백황색으로 간격이 매우 촘촘하다. 자루는 짧고 황갈색이며 미세한 털로 덮여 있다.

이끼살이버섯

애주름버섯과

Xeromphalina campanella (Batsch) Maire

발생 여름부터 가을까지 | 침엽수 이끼 낀 그루터기나 줄기 위

특징 갓은 밝은 황색에서 황갈색으로 변해가고, 습할 때 방사상의 줄무늬가 있다. 주름살은 연한 황색으로 내려 붙은 모양이며, 간격이 성기다. 자루는 굽어 있고 위쪽은 황색, 아래쪽은 갈색이다.

흰크림체관버섯 _흰크림애주름버섯

Porotheleaceae

Phloeomana alba (Bres.) Redhead

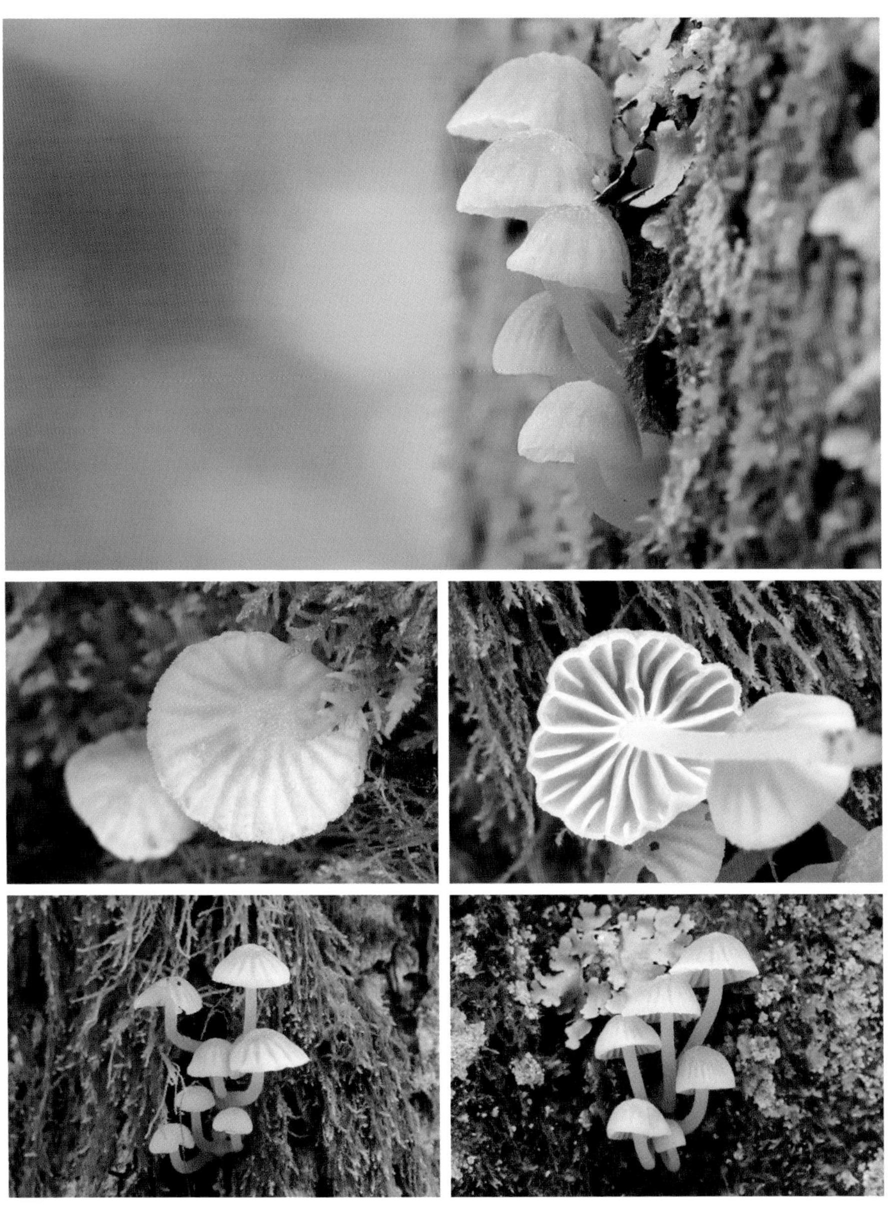

발생 여름부터 가을까지 | 활엽수 이끼 낀 껍질 위

특징 갓은 회백색에서 크림 백색으로 변해가고 방사상으로 주름이 잡혀 있으며, 반투명한 줄무늬가 거의 갓 중앙까지 있다. 주름살은 백색에서 크림색으로 변해간다. 자루의 기부에 다소 거친 털이 덮여 있다.

그늘버섯

외대버섯과

Clitopilus prunulus (Scop.) P. Kumm.

발생 여름부터 가을까지 | 활엽수림 내의 땅 위

특징 갓은 회백색으로 미세한 가루 모양이고 연한 찰흙 같은 느낌이며, 가장자리가 안으로 감겨있다. 주름살은 백색에서 점차 살구색으로 변해가고 길게 내려 붙은 모양이다. 자루는 아래쪽으로 가늘어진다.

방패외대버섯

Entoloma clypeatum (L.) P. Kummer

발생 봄부터 초여름까지 | 숲속, 길가, 정원, 과수나무 아래 땅 위

특징 갓은 회갈색~쥐색 또는 연한 쥐색이며 대체로 매끄럽고, 미세한 섬유 모양의 줄무늬가 있다. 오래되면 가장자리에 골이 생기거나 물결 모양이 된다. 주름살은 백색에서 살구색으로 변한다.

붉은꼭지외대버섯 _붉은꼭지버섯

외대버섯과

Entoloma quadratum (Berk & Curt.) E. Horak

발생 여름부터 가을까지 | 숲속의 땅 위

특징 갓은 주황색 또는 진한 살구색을 띠며, 섬유 모양으로 중앙에 연필심 같은 돌기가 있다. 주름살은 주황색으로 간격이 성기다. 자루는 미세한 섬유 모양이며, 기부에 백색의 균사가 있다.

영취외대버섯 _카멜레온외대버섯

Entoloma conferendum (Britz.) Noordel

발생 봄부터 가을까지 | 숲속이나 풀밭 내의 땅 위

특징 갓은 암갈색에서 녹갈색, 연한 회갈색으로 변해가고 방사상의 줄무늬가 있다. 주름살은 백색에서 연한 홍색으로 변해가고 떨어져 붙은 모양이다. 자루에 세로선이 있다.

흰꼭지외대버섯

외대버섯과

Entoloma album Hiroë

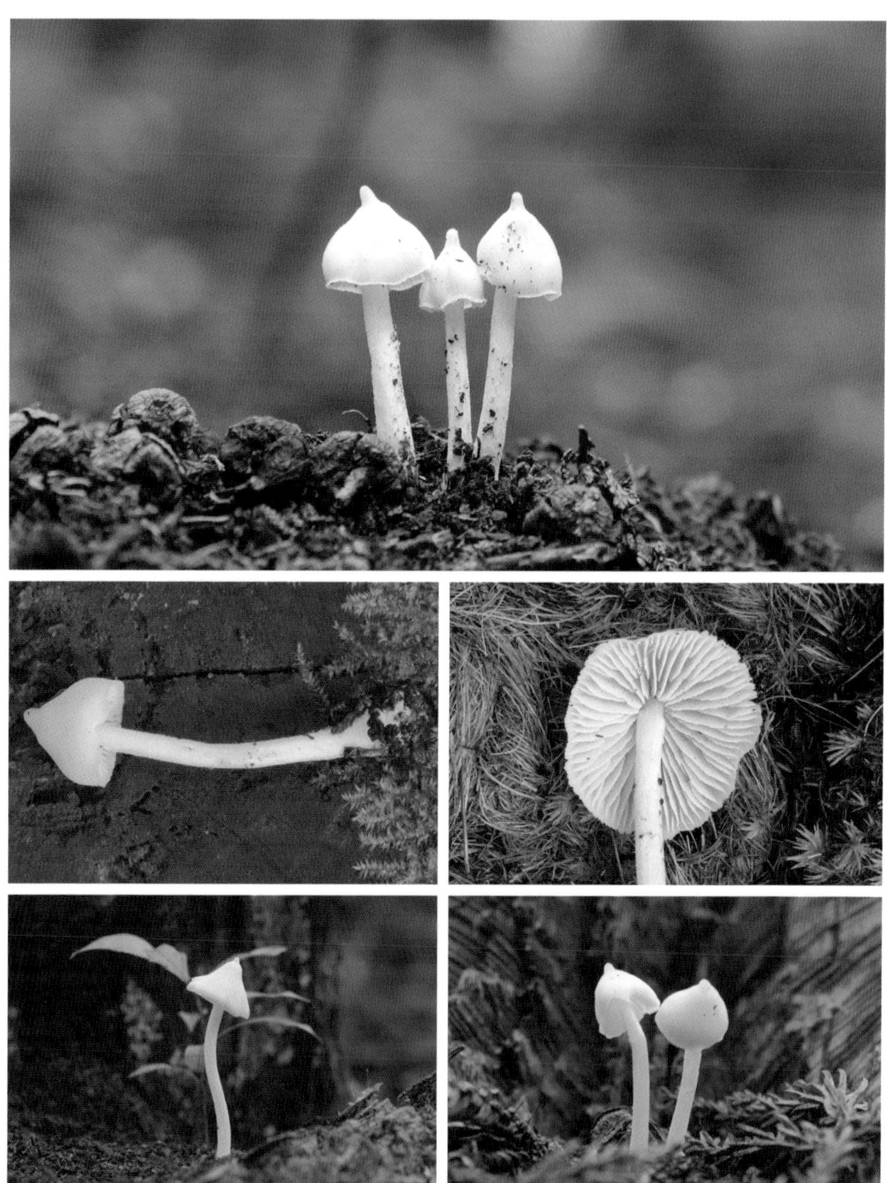

발생 여름부터 가을까지 | 숲속 땅 위

특징 갓은 백색, 연한 크림색에서 백황색으로 변해가고 미세한 섬유 무늬가 있다. 주름살은 백색에서 연한 홍색을 거쳐 살구색으로 변해가고, 간격이 성기다. 자루는 세로로 섬유 무늬가 있다.

흰머리외대버섯 _비단외대버섯

Entoloma sericellum (Fr.) P. Kumm.

발생 여름부터 가을까지 | 숲속의 부엽토, 풀밭 위

특징 갓은 백색으로 미세한 비단 모양의 섬유로 덮여 있고, 포자가 날려 약간 살구색을 띠기도 한다. 주름살은 백색에서 분홍색으로 변해가고 간격이 성기다. 자루는 가늘고 백색, 연한 황색이다.

자색꽃구름버섯

자색꽃구름버섯과

Chondrostereum purpureum (Pers.) Pouzar

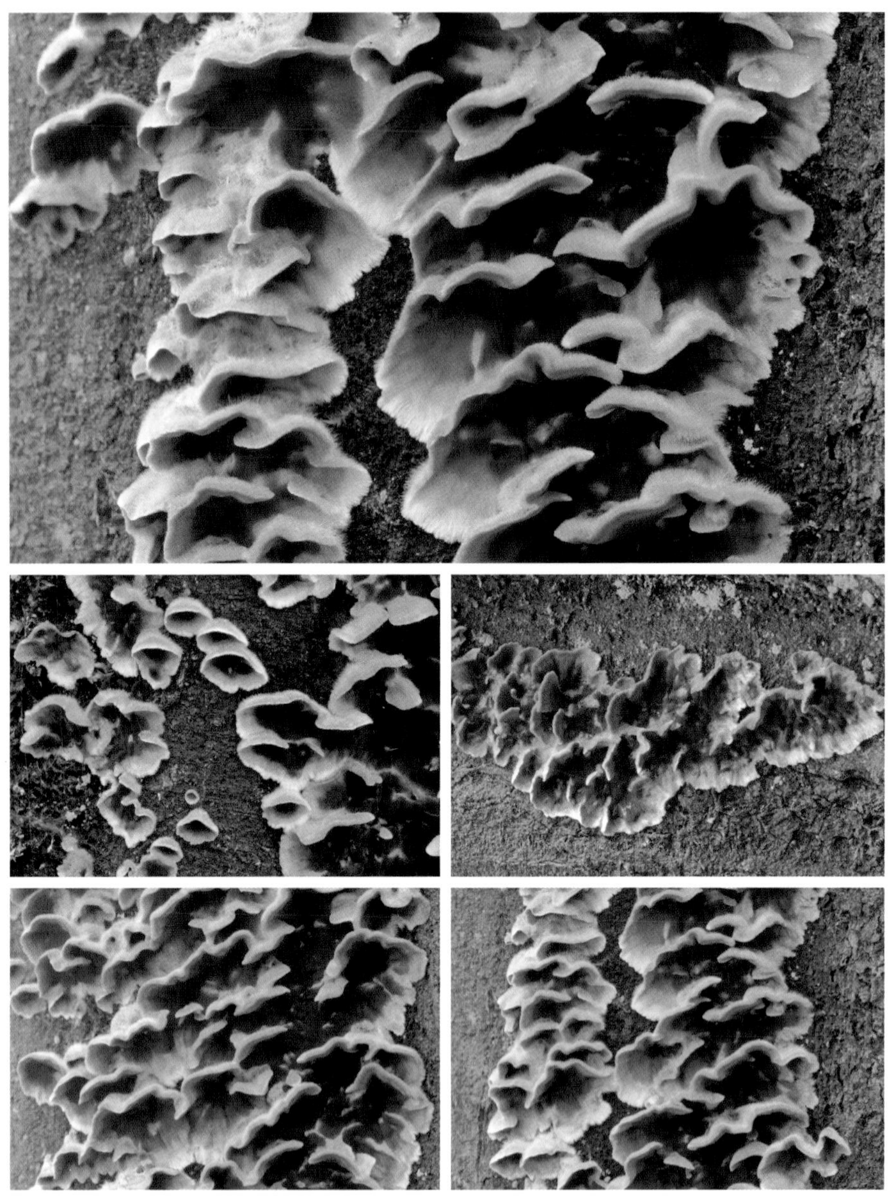

발생 가을 | 활엽수 죽은 줄기나 살아 있는 줄기 위

특징 갓은 회백색, 회갈색으로 불분명한 테 무늬와 털로 덮여 있다. 형태는 반원, 선반 모양으로 반배착생이다. 갓 아랫면인 자실층은 연분홍색을 띤 자주색에서 진한 자주색으로 변해간다.

색시졸각버섯

졸각버섯과

Laccaria vinaceoavellanea Hongo

발생 여름부터 가을까지 | 활엽수림 · 혼합림, 풀밭, 공원 내의 땅 위

특징 갓은 분홍색, 퇴색한 살구색에서 연한 황갈색으로 변해가고 방사상의 홈이 있다. 주름살은 갓보다 옅은 색으로 간격이 성기다. 자루는 얼룩져 보이고 세로로 된 섬유 모양이다.

자주졸각버섯

졸각버섯과

Laccaria amethystina Cooke

발생 여름부터 가을까지 | 숲속, 풀밭 공원, 길가 땅 위

특징 갓은 자주색으로 매끄러우나 갈라져서 작은 인편이 된다. 주름살은 진한 자주색으로 바르게 붙은 모양이며, 간격이 성기다. 자루에는 자주색 바탕에 백색의 섬유 무늬가 있다.

졸각버섯

졸각버섯과

Laccaria laccata (Scop.) Cooke

발생 여름부터 가을까지 | 공원, 풀밭 이끼 사이, 숲속의 땅 위

특징 갓은 연한 오렌지갈색에서 연한 주홍갈색으로 변해가고 가장자리에 방사상의 홈이 있다. 주름살은 연한 주홍색으로 간격이 성기다. 자루는 구부러져 있으며 세로로 된 섬유 모양이다.

큰졸각버섯

졸각버섯과

Laccaria proxima (Boud.) Pat.

발생 여름부터 가을까지 | 침엽수림 내의 땅 위

특징 갓은 황적갈색에서 주황색을 띤 연한 갈색으로 변해가고 인편으로 덮여 있다. 주름살은 분홍빛을 띤 연한 자주색으로 바르게 붙은 모양이며, 간격이 약간 성기다. 자루는 세로로 된 섬유 모양이다.

노란대주름버섯 _광비늘주름버섯

Agaricus moelleri Wasser

발생 여름부터 가을까지 | 공원, 풀밭, 숲의 땅 위

특징 갓은 회갈색 바탕에 흑색의 가는 섬유 모양 비늘이 있다. 주름살은 백색에서 연한 분홍색을 거쳐 흑갈색으로 변해가고, 간격이 촘촘하다. 턱받이는 커다란 백색 막질이다. 자루의 기부는 부풀어 있다.

단맛주름버섯 _광양주름버섯

주름버섯과

Agaricus dulcidulus Schulzer

발생 여름부터 가을까지 | 숲속 부엽토 위

특징 갓은 백색 바탕에 분홍색~적갈색, 때로는 흑갈색의 섬유상 또는 가는 비늘로 덮여 있다. 주름살은 백색에서 분홍색을 거쳐 흑갈색으로 변해가며, 간격이 촘촘하다. 자루에 막질의 턱받이가 붙어 있다.

헛대먹물버섯 _애먹물버섯

주름버섯과

Coprinus rhizophorus Kawam. ex Hongo & Yokoy

발생 봄부터 여름까지 | 숲, 길가, 밭 등의 비옥한 땅 위

특징 갓은 백색, 담갈색이다가 회갈색으로 되고 방사상의 긴 홈이 있다. 주름살은 백색에서 흑갈색으로 변하며 간격이 촘촘하다. 자루 아래쪽에 알갱이 모양 인편과 기부에 흑갈색 균사속이 있다.

냄비찻잔버섯

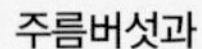

Crucibulum crucibuliforme (Scop.) V.S. White

발생 여름부터 가을까지 | 침엽수·활엽수 죽은 줄기, 나뭇조각 위

특징 찻잔 모양으로 황색에서 황토색으로 변해가는 쌀겨 모양의 털로 덮여 있고, 겉껍질이 떨어져 갈색~흑갈색으로 변해간다. 찻잔 내부는 크림색~황토색으로 바둑돌 모양의 소피자가 들어 있다.

좀주름찻잔버섯

Cyathus stercoreus (Schwein.) De Toni

발생 여름부터 가을까지 | 부식된 토양, 기름진 땅, 야자수 매트 위

특징 자실체는 거꾸로 된 원추형으로, 바깥 면은 황갈색에서 갈색으로 변해가는 거친 털이 붙어 있다가 벗겨지고 안쪽 면은 청회색으로 매끄럽다. 안에 바둑돌 모양의 흑청색 소피자가 들어 있다.

주름찻잔버섯

주름버섯과

Cyathus striatus (Huds.) Willd.

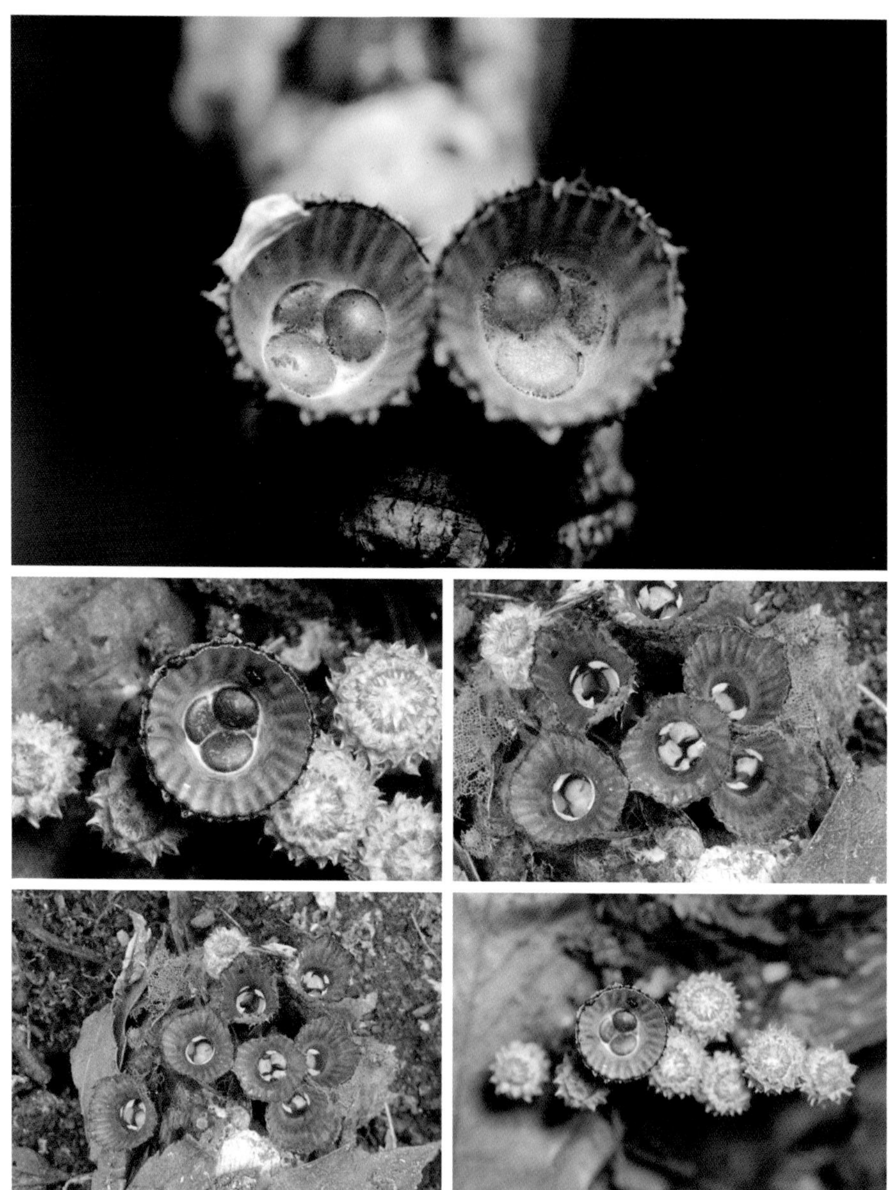

발생 여름부터 가을까지 | 부식토, 썩은 나뭇가지, 썩은 낙엽 위

특징 자실체는 거꾸로 된 컵 모양으로 바깥 면은 황갈색, 어두운 갈색으로 거친 털이 덮여 있고 안쪽 면은 회색, 회갈색으로 세로로 뚜렷한 홈이 있다. 바둑돌 모양의 회흑색 소피자가 들어 있다.

새둥지버섯

주름버섯과

Nidula niveotomentosa (Henn.) Lloyd

발생 여름부터 가을까지 | 침엽수 썩은 줄기나 죽은 가지 위

특징 자실체는 덮개를 덮어놓은 컵 모양으로, 바깥 면에는 백색의 작은 털이 덮여 있다. 안쪽 면은 연한 갈색으로 매끈하며 광택이 있다. 바둑돌 모양의 황갈색 또는 적갈색의 소피자가 들어 있다.

꼬마갓버섯 _암갈색갓버섯

주름버섯과

Lepiota fusciceps Hongo

발생 여름부터 가을까지 | 공원, 길가, 숲속의 부엽토, 썩은 나무 위

특징 갓은 짙은 회갈색으로 표피가 방사상으로 갈라지고, 가장자리에 방사상의 홈이 가늘게 나타난다. 주름살은 백색에서 누렇게 변해간다. 턱받이는 백색의 막질이고, 자루의 기부는 약간 부풀어 있다.

방패갓버섯 _갓버섯

주름버섯과

Lepiota clypeolaria (Bull.) P. Kumm

발생 여름부터 가을까지 | 길가, 숲속의 부엽토 위

특징 갓은 황토색에서 황갈색으로 변해가며 작은 입자 모양의 인편이 있다. 주름살은 백색에서 연한 백황색으로 변해가고, 간격이 촘촘하다. 턱받이 아래쪽은 섬유질이나 솜털로 덮여 있다.

주홍여우갓버섯

주름버섯과

Leucoagaricus rubrotinctus (Peck) Singer

발생 여름부터 가을까지 | 침엽수림 · 활엽수림 부엽토 위

특징 갓은 오렌지색이 가미된 적갈색에서 분홍갈색으로 변해가고, 가장자리가 아래로 말려 있다. 주름살은 백색으로 간격이 촘촘하다. 턱받이는 백색 막질의 고리 모양이다. 자루의 기부는 부풀어 있다.

백조각시버섯

주름버섯과

Leucocoprinus cygneus (J.E. Lange) Bon

발생 여름부터 가을까지 | 혼합림 내의 부엽토 위

특징 갓은 백색의 섬유나 솜털 모양으로 비단 같은 광택이 나며, 가장자리에 홈이 있다. 주름살은 백색으로 간격이 촘촘하다. 턱받이는 백색의 막질이다. 자루는 기부 쪽으로 굵어진다.

여우꽃갈각시버섯

주름버섯과

Leucocoprinus fragilissimus (Berk. & Curt.) Pat

발생 여름부터 가을까지 | 혼합림, 정원, 풀밭 내의 땅 위

특징 갓은 어릴 때 가루 같은 녹황색 인편으로 덮이고, 성장하면서 갈라져 방사상으로 흰색과 노란색이 교대로 교차되는 홈이 만들어진다. 주름살은 백색이다. 자루의 기부는 부풀어 있다.

국명 미지정 _긴목말불버섯

주름버섯과

Lycoperdon albiperidium Pers.(Lycoperdon spadiceum Pers.)

발생 여름부터 가을까지 | 숲속 초지, 모래땅, 썩은 나무 위

특징 자실체는 백색에서 노란색이 가미된 연한 갈색~갈색으로 변하고, 백색의 가루가 붙어 있다가 떨어져 매끈해진다. 자실체 모양은 긴 거꾸로 된 원추형이다. 기부에 백색 뿌리 모양 균사속이 있다.

말불버섯

주름버섯과

Lycoperdon perlatum Pers.

발생 여름부터 가을까지 | 숲속 부엽토, 썩은 나무, 풀밭 등의 땅 위

특징 자실체는 옅은 회백색에서 회갈색~황갈색으로 변해가고, 작고 뾰족한 알맹이 모양의 돌기가 전면에 붙어 있다. 자실체의 아랫부분은 원기둥이나 원뿔형의 자루가 되고 돌기가 조금 붙어 있다.

큰갓버섯

Macrolepiota procera (Scop.) Singer

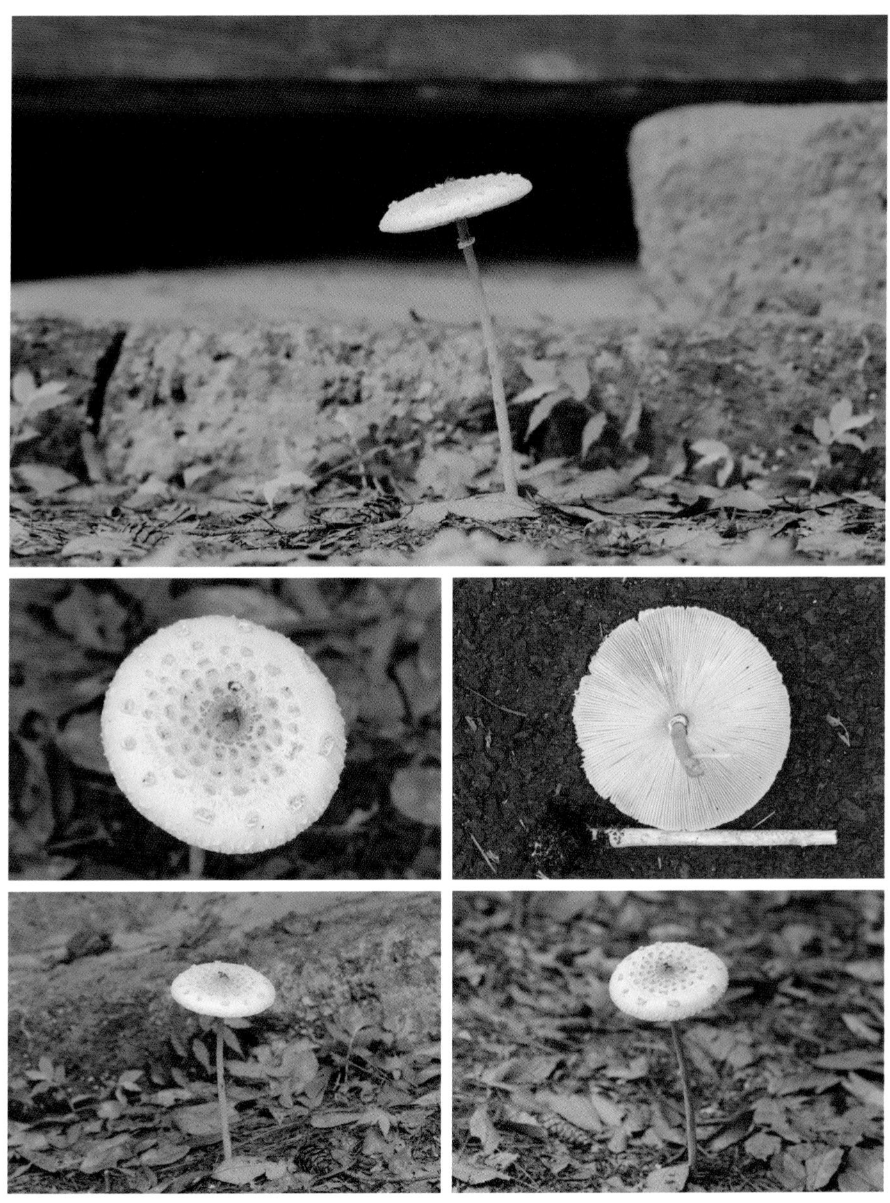

발생 여름부터 가을까지 | 숲속, 대나무 밭, 풀밭 등의 땅 위

특징 갓은 갈색~적갈색, 암회색~회갈색이고 표피가 터져 인편이 된다. 주름살은 백색으로 간격이 촘촘하다. 자루는 갈색이나 회갈색의 인편이 전면에 덮여 있다. 자루에 백색 막질의 턱받이가 붙어 있다.

소혀버섯

치마버섯과

Fistulina hepatica (Schaeff.) With.

발생 여름부터 가을까지 | 활엽수(구실잣밤나무, 참나무류) 썩은 부위

특징 갓은 성장하면 소의 혀 모양이 되며, 자주색과 분홍색이 가미된 적색에서 진한 적갈색으로 변해간다. 갓 아랫면은 관공으로 백황색, 연한 홍색, 짙은 적색을 띠며 구멍의 간격이 촘촘하다.

그물코버섯

Porodisculus pendulus Murrill

발생 연중 | 활엽수(참나무) 죽은 줄기나 가지 위(때로는 침엽수)

특징 갓은 암갈색에서 다갈색으로 변해가며 오래되면 회갈색~회백색으로 바래고, 가루 같은 털로 덮여 있다. 갓 아랫면은 불분명한 원형의 관공으로 회백색을 띠며, 구멍의 간격이 매우 촘촘하다.

치마버섯

치마버섯과

Schizophyllum commune Fr.

발생 연중 | 침엽수·활엽수의 그루터기나 죽은 줄기나 가지 위

특징 갓은 백색에서 회백색~회갈색으로 변해가며 거친 털이 덮여 있고, 부채 모양이나 원이 된다. 주름살은 백색, 연한 회색에서 연한 주황색, 자주색으로 변해가고 주름살 간격이 약간 촘촘하다.

광택볏짚버섯 _천사볏짚버섯

Agrocybe dura (Bolton) Singer

발생 봄부터 여름까지 | 정원, 풀밭, 숲속 땅 위

특징 갓은 황토색이 가미된 연한 황색에서 크림색으로 좀 더 밝은색으로 변해가며 그물 모양으로 갈라진다. 주름살은 백색에서 회갈색~짙은 갈색으로 변해간다. 자루에 불분명한 테 모양의 턱받이가 있다.

볏짚버섯

포도버섯과

Agrocybe praecox (Pers.) Fayod

발생 봄부터 가을까지 | 황무지, 풀밭, 숲속 땅 위

특징 갓은 볏짚 색에서 황토색으로 변해가며 오래되면 갓 표면이 갈라져 작은 균열이 생기기도 한다. 주름살은 탁한 백색에서 갈색으로 변해간다. 자루에 막질의 턱받이가 있고, 기부에는 백색 균사속이 있다.

개암버섯 _개암다발버섯

Hypholoma lateritium (Schaeff.) P. Kummer

발생 늦가을 | 침엽수·활엽수 그루터기, 죽은 줄기, 땅에 묻힌 나무 위

특징 갓은 다갈색에서 진한 벽돌색으로 변하며, 가장자리에 백색의 얇은 내피막 조각이 붙어 있다. 주름살은 백황색에서 황갈색을 거쳐 자갈색으로 변해간다. 자루는 아래쪽으로 약간 가늘어진다.

노란개암버섯 _노란다발버섯

포도버섯과

Hypholoma fasciculare (Huds.) P. Kummer

발생 봄부터 초겨울까지 | 침엽수·활엽수 그루터기나 줄기 위

특징 갓은 연한 황색에서 녹황색으로 변하며 가장자리에 비단 같은 인편이 있다. 주름살은 황색에서 녹황색~녹갈색으로 변해간다. 자루는 세로로 된 섬유 모양이며, 거미집 모양 턱받이는 쉽게 떨어진다.

무리우산버섯

Kuehneromyces mutabilis (Schaeff.) Singer & A.H. Sm.

발생 봄부터 가을까지 | 침엽수·활엽수의 그루터기나 줄기 위

특징 갓은 황갈색에서 적갈색, 다갈색으로 변해가며 가장자리에 줄무늬가 있다. 주름살은 연한 황색에서 점차 적갈색으로 변해간다. 턱받이는 막질 또는 섬유 모양으로 자루 위쪽에 붙어 있다.

검은비늘버섯

포도버섯과

Pholiota adiposa (Batsch) P. Kummer

발생 봄과 가을 | 활엽수 그루터기나 줄기 위

특징 갓은 적갈색에서 황색~황금색으로 변해가며 인편이 덮여 있다. 주름살은 백황색에서 갈색으로 변해가고, 간격이 촘촘하다. 턱받이는 연한 황색으로 막질이다. 자루는 기부 쪽은 갈색 인편이 붙어 있다.

노란갓비늘버섯

Pholiota spumosa (Fr.) Sing.

발생 가을 | 침엽수림 · 활엽수림 · 혼합림 내의 부엽토, 썩은 줄기 위

특징 갓은 가운데는 황갈색, 가장자리는 연한 황색을 띠며 가장자리에 연한 갈색의 피막 조각이 붙어 있다. 주름살은 연한 백황색에서 갈색으로 변해간다. 자루 아래쪽으로 갈색이 짙어진다.

땅비늘버섯 _참비늘버섯

포도버섯과

Pholiota terrestris Overh

발생 봄부터 가을까지 | 길가, 공원, 풀밭, 숲속의 땅 위

특징 갓은 회갈색에서 황색이 가미된 회갈색으로 변해가며 조금 진한 회갈색의 인편이 덮여 있다. 주름살은 연한 황색에서 황갈색~갈색으로 변해간다. 자루에는 연한 갈색의 인편이 붙어 있다.

비늘버섯

포도버섯과

Pholiota squarrosa (Pers.) P. Kummer

발생 가을 | 침엽수·활엽수 고목의 밑동이나 그루터기 위

특징 갓은 연한 황갈색~적갈색의 거칠고 갈라진 인편으로 덮여 있다. 주름살은 연한 녹황색에서 녹갈색으로 변해가며, 간격이 촘촘하다. 막질의 턱받이 아래쪽은 갈색의 거친 인편으로 덮여 있다.

진노랑비늘버섯

포도버섯과

Flammula alnicola (Fr.) P. Kummer

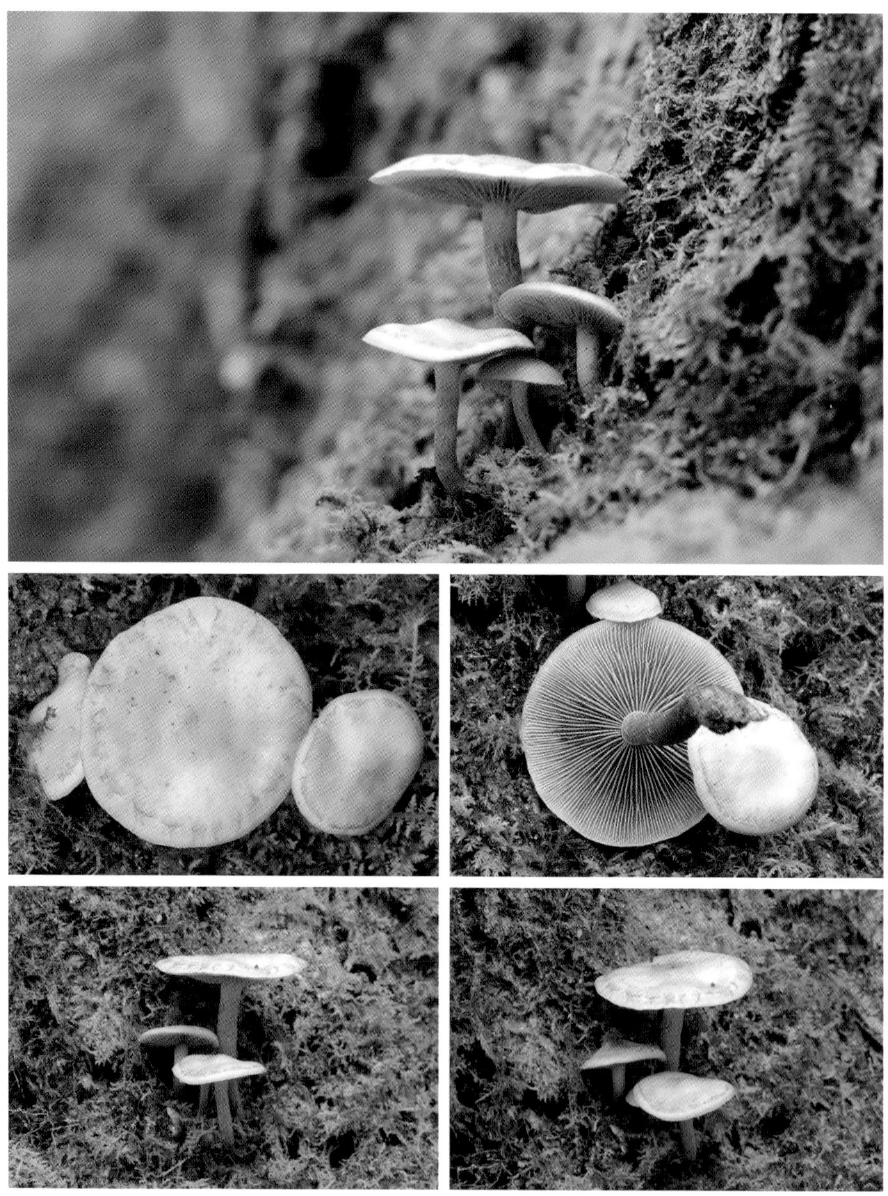

발생 봄과 가을 | 활엽수 그루터기 위

특징 갓은 밝은 황색에서 짙은 황색으로 변해가며, 가장자리에 백색의 피막 조각이 붙어 있다. 주름살은 황색에서 황갈색으로 변해간다. 자루는 황색으로 아래쪽은 적갈색이 짙어지며 섬유 모양이다.

큰머리비늘버섯 _제주비늘버섯

Pholiota tuberculosa (Schaeff.) P. Kummer

발생 여름부터 가을까지 | 활엽수 그루터기, 죽은 줄기나 가지 위

특징 갓은 밝은 황색, 연한 황갈색으로 황갈색, 갈색으로 변해가는 작은 인편이 덮여 있다. 주름살은 밝은 황색에서 황갈색~녹슨 갈색으로 변해가며, 간격이 약간 촘촘하다. 자루는 보통 굽어 있다.

반구포도버섯 _반구독청버섯

포도버섯과

Protostropharia semiglobata (Batsch) Redhead, Moncalvo & Vilgalys.

발생 봄부터 가을까지 | 말의 배설물, 퇴비 준 땅 위

특징 갓은 레몬색, 밀짚 색, 담황색, 다갈색 등 색깔이 다양하고 습할 때는 점성이 있다. 주름살은 백색~회색에서 암자갈색으로 변해간다. 자루는 황백색으로 가늘고 길며 폭이 좁은 턱받이가 있다.

포도버섯 _독청버섯

Stropharia aeruginosa (Curt.) Quél.

발생 여름부터 초겨울까지 | 침엽수림 · 활엽수림 내의 부엽토 위

특징 갓은 청록색에서 녹색~황록색으로 변하며 점액질이 강하고, 가장자리에 백색 솜털 모양의 인편이 붙어 있다. 주름살은 회백색에서 자갈색으로 변해간다. 자루의 기부에는 백색의 균사속이 있다.

포도버섯(회갈색형) _독청버섯(회갈색형)

포도버섯과

Stropharia aeruginosa f.brunneola Hongo

발생 여름부터 가을까지 | 침엽수림 · 활엽수림 내 부엽토, 습한 땅 위

특징 갓은 자갈색에서 회갈색으로 변해가며 습할 때는 강한 점액으로 덮인다. 주름살은 회백색에서 자갈색으로 변해간다. 자루의 기부에는 백색의 긴 뿌리 모양 균사속이 있다. 턱받이는 막질이다.

목이

목이과

Auricularia auricula-judae (Bull.) Quél.

발생 봄부터 가을까지 | 활엽수 그루터기, 줄기나 가지 위

특징 외형은 작은 귀 모양에서 더 자라면 불규칙한 막처럼 얇고 넓게 퍼진다. 윗면은 황갈색, 적갈색, 흑갈색으로 성숙하면 적갈색을 띠며 짧은 털로 덮이고, 건조하면 쪼그라져 흑갈색이 된다.

털목이

목이과

Auricularia nigricans (Sw.) Birkebak, Looney & Sánchez-García

발생 봄부터 초겨울까지 | 활엽수 고목, 죽은 줄기나 가지 위

특징 외형은 귀 모양으로 연한 아교질이지만 건조하면 연골과 같이 단단해진다. 윗면은 회백색~회갈색의 가는 털로 덮이고, 자실층인 아랫면은 매끄러우며 연한 갈색에서 어두운 자갈색이 된다.

아교좀목이

목이과

Exidia uvapassa Lloyd

발생 봄부터 초겨울까지 | 활엽수 죽은 줄기나 가지 위

특징 자실체는 원이나 길쭉한 원으로 젤리와 같다. 신선할 때는 매끈하고 살색이다가 햇빛에 노출되면 연한 적갈색으로 변한다. 습기가 완전히 빠지면 흑갈색이 된다. 표면에 잔주름이 많다.

좀목이

목이과

Exidia glandulosa (Bull.) Fr.

발생 봄부터 초겨울까지 | 활엽수 그루터기, 죽은 줄기나 가지 위

특징 외형은 공 모양으로 시작해서 점차 주름지고 합쳐져 기주 위에 뇌와 같은 모양으로 넓게 퍼져 나간다. 표면은 회흑색, 청흑색, 흑갈색으로 짙어지고 젖꼭지 같은 미세한 돌기가 있다.

주걱혀버섯 _장미주걱목이

Guepinia helvelloides (DC.) Fr.

발생 여름 | 고목의 그루터기나 죽은 줄기 위

특징 자실체는 귀 모양에서 원뿔형이며, 가장자리는 꽃잎 모양으로 오렌지 핑크색에서 연어 색~적갈색이다. 표면은 밋밋하나 오래되면 주름진 모양이 된다. 기부 쪽으로 가늘어지고 간혹 백색이다.

미세돌기목이

목이과

Heterochaete delicata (Kl. & Berk.) Bres.

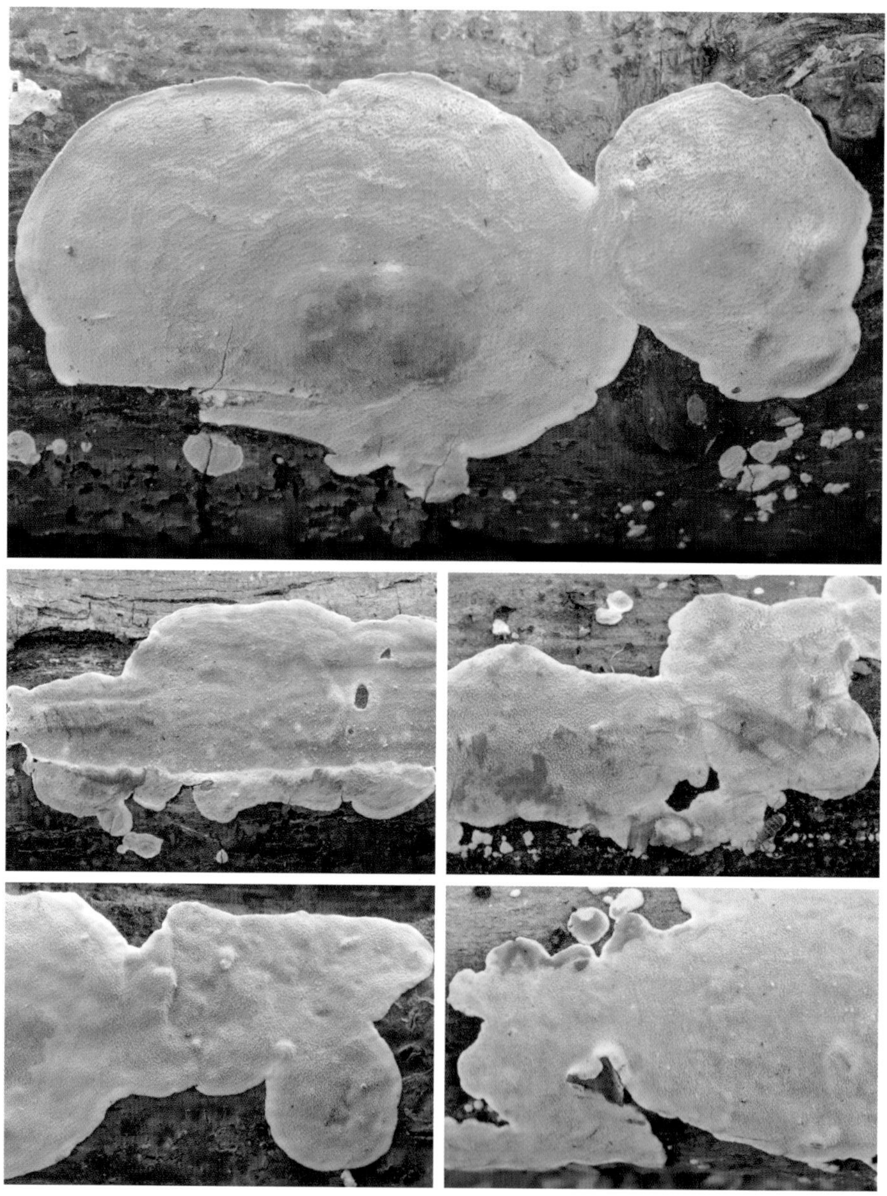

발생 연중 | 활엽수 죽은 줄기나 가지 위

특징 자실체는 배착생으로 여러 개체가 합쳐져 얇고 넓게 퍼져 나간다. 어릴 때는 작은 원으로 시작해서 바깥쪽으로 둥글게 퍼져 나가고 합쳐진다. 표면은 백색으로 미세한 돌기가 덮고 있다.

혓바늘목이

목이과

Pseudohydnum gelatinosum (Scop.) P. Karst.

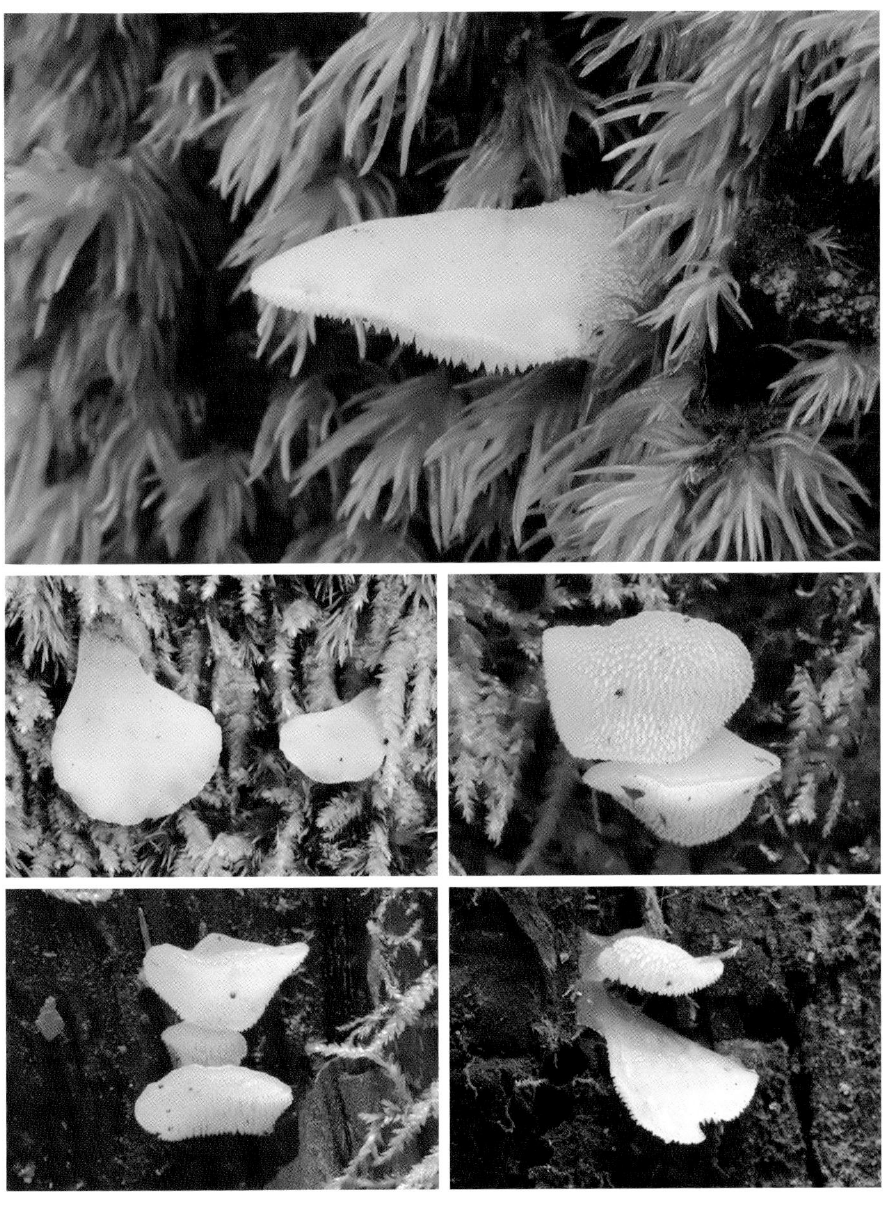

발생 여름부터 가을까지 | 침엽수 그루터기, 줄기 위

특징 자실체는 반원에서 주걱 모양을 거쳐 부채 모양으로 변한다. 윗면은 회색, 연한 갈색, 갈색으로 미세한 털이 덮고 있다. 아랫면은 백색에서 연한 백황색이 되는 송곳 모양의 바늘이 돋아 있다.

산속그물버섯아재비

그물버섯과

Baorangia pseudocalopus (Hongo) G. Wu & Zhu L. Yang

발생 여름부터 가을까지 | 활엽수림 · 혼합림 내의 땅 위

특징 갓은 적갈색에서 점차 황갈색으로 변해가며 오래되면 탁한 적갈색이 된다. 관공은 황색에서 탁한 갈색으로 변해가고 상처가 나면 청색으로 변한다. 자루 위쪽에 미세한 그물 무늬가 있다.

가죽밤그물버섯

Boletellus emodensis (Berk.) Singer

발생 여름부터 가을까지 | 활엽수 그루터기, 그 주변 땅 위

특징 갓은 포도주 적색에서 적갈색으로 변하고 오래되면 연한 회갈색~암갈색이 된다. 성장하면서 표면이 벌어진다. 관공은 황색에서 황록갈색으로 변해간다. 상처가 나면 청색으로 변한다.

비로드밤그물버섯 _노각밤그물버섯

그물버섯과

Boletellus chrysenteroides (Snell) Snell

발생 여름부터 가을까지 | 활엽수림 · 혼합림 내의 부엽토, 썩은 나무 위

특징 갓은 벨벳 모양 또는 솜털 모양이다가 매끄러워지고, 암갈색 또는 암자갈색을 띠며 미세하게 갈라진다. 관공은 다각형으로 선명한 황색에서 점차 녹황색이 된다. 상처가 나면 청색으로 변한다.

그물버섯아재비

Boletus reticulatus Schaeff.

발생 여름부터 가을까지 | 활엽수림·혼합림 내의 땅 위

특징 갓은 벨벳 모양으로 흑갈색에서 갈색~녹갈색~암황갈색~황갈색으로 변해간다. 관공은 백색에서 연한 황색~황록색이 되고, 구멍이 매우 촘촘하다. 자루에 융기한 그물 무늬가 있다.

빨간구멍그물버섯

그물버섯과

Boletus subvelutipes Peck.

발생 여름부터 가을까지 | 침엽수림 · 활엽수림 내의 땅 위

특징 갓은 벨벳 모양으로 적갈색에서 암갈색이 된다. 관공은 황색에서 황록색으로 변해가고, 구멍의 간격이 촘촘하다. 상처가 나면 청색으로 변한다. 자루에 암적색~적갈색의 점 모양 인편이 있다.

수원그물버섯

Boletus auripes Peck

발생 여름 | 활엽수림 내의 땅 위

특징 갓은 미세한 벨벳 모양으로 매끄럽고 밝은 갈색에서 황갈색이 되고, 성숙하면 황토색~짙은 황색으로 변한다. 관공은 황색에서 황록색이 되고 매우 촘촘하다. 자루 위쪽에 그물 무늬가 있다.

흑갈색그물버섯

그물버섯과

Boletus hiratsukae Nagas.

발생 여름부터 가을까지 | 침엽수림(소나무, 곰솔) 내의 땅 위

특징 갓은 벨벳 모양으로 흑색에서 흑갈색이 된다. 관공은 백황색에서 녹황색으로 변해가고, 구멍은 원형에서 다각형이 되며 촘촘하다. 자루는 백색, 흑갈색의 융기한 그물 무늬가 뚜렷하다.

흑변그물버섯 _흑변산그물버섯

Boletus nigromaculatus (Hongo) H. Takah.

발생 여름부터 가을까지 | 침엽수림 · 혼합림 내의 땅 위

특징 갓은 흑갈색에서 갈색~탁한 갈색으로 변해가며 약간 가루 모양이다. 관공은 황색에서 녹황색으로 변해가며 다각형이다. 상처가 나면 청색을 거쳐 흑색이 된다. 자루의 기부에는 백색의 균사가 있다.

흑자색그물버섯

그물버섯과

Boletus violaceofuscus W.F. Chiu

발생 여름부터 가을까지 | 활엽수림 · 혼합림 내의 땅 위

특징 갓은 황갈색~흑갈색에서 흑자색으로 변한 뒤 탁한 황갈색의 얼룩이 생긴다. 관공은 백색에서 연한 황색~탁한 황갈색이 된다. 자루에 백색의 융기한 그물무늬가 있고, 기부에 백색 균사가 있다.

녹색쓴맛그물버섯

Chiua virens (W.F. Chiu) Y.C. Li & Zhu L.. Yang

발생 여름부터 가을까지 | 혼합림 내의 땅 위

특징 갓은 녹황색으로 미세한 털이 덮여 있다. 관공은 연한 홍색에서 성숙하면 홍색이 짙어지고, 구멍은 원형~다각형이며 촘촘하다. 자루는 연한 황색 바탕에 불분명한 긴 그물 무늬가 있다.

쓴맛노란대그물버섯 _노란대쓴맛그물버섯

Harrya chromipes (Frost) Halling, Nuhn, Osmundson & Manfr. Binder

발생 여름 | 침엽수림 · 활엽수림 내의 땅 위

특징 갓은 벨벳과 같은 질감으로 흑갈색, 연한 홍색, 연한 포도주색으로 변화가 심하다. 관공은 백색에서 분홍색이 되고, 구멍은 원형이나 다각형이며 촘촘하다. 자루 아래쪽은 밝은 황색을 띤다.

붉은그물버섯

Hortiboletus rubellus (Krombh.) Simonini, Vizzini & Gelardi

발생 여름부터 가을까지 | 활엽수림, 공원 잔디밭, 풀밭 등의 땅 위

특징 갓은 벨벳과 같은 질감으로 적자색에서 점차 붉은색을 띠고, 성숙하면 가늘게 갈라진다. 관공은 황색에서 녹황색으로 변해가고 구멍이 약간 촘촘하며, 상처가 나면 녹청색으로 급변한다.

노란길민그물버섯

그물버섯과

Phylloporus bellus (Mass.) Corner

발생 여름부터 가을까지 | 활엽수림, 공원, 풀밭 등의 땅 위

특징 갓은 벨벳과 같은 질감으로 흑갈색에서 적갈색~회갈색~황갈색이 된다. 주름살은 황색에서 황갈색~녹갈색으로 변해가고 길게 내려 붙은 모양이며 상처가 나면 청색으로 변한다.

분말그물버섯 _노랑분말그물버섯

Pulveroboletus ravenelii (Berk. & M.A. Curtis) Murrill

발생 여름부터 가을까지 | 침엽수림 내의 땅 위

특징 갓은 레몬 황색에서 가운데가 적갈색~갈색을 띤다. 관공은 연한 황색에서 녹황색~암갈색으로 변해가고 구멍이 촘촘하며, 상처가 나면 천천히 청색으로 변한다. 자루는 아래쪽으로 가늘어진다.

노란대망그물버섯 _밤색망그물버섯

그물버섯과

Retiboletus ornatipes Manfr. Binder & Bresinsky

발생 여름부터 가을까지 | 활엽수림 내의 땅 위

특징 갓은 흑록갈색에서 녹황갈색으로 건조하고 벨벳 같은 질감이다. 관공은 황색에서 녹황색으로 변해가고 구멍이 촘촘하다. 자루는 황색으로 전면에 그물 무늬가 덮고 있다. 기부에는 백색의 균사가 있다.

접시껄껄이그물버섯

Rugiboletus extremiorientalis (Lj.N. Vassiljeva) G. Wu & Zhu L. Yang

발생 여름부터 가을까지 | 혼합림 내의 땅 위

특징 갓은 건조한 벨벳 모양으로 적갈색이다가 오렌지 갈색이 되고 크게 균열이 생긴다. 관공은 황색에서 녹황색으로 변해가고 구멍이 촘촘하다. 자루에는 황갈색의 점 모양 인편이 붙어 있다.

귀신그물버섯

그물버섯과

Strobilomyces strobilaceus (Scop.:Fr.) Berk.

발생 여름부터 가을까지 | 침엽수림 · 활엽수림 · 혼합림 내의 땅 위

특징 갓은 흑갈색의 솔방울 모양, 사마귀 모양의 인편이 덮여 있고 가장자리에 내피막 조각이 붙어 있다. 관공은 백색에서 암회색~흑색이 된다. 상처가 나면 적갈색을 거쳐 흑색으로 변한다.

털귀신그물버섯

그물버섯과

Strobilomyces confusus Singer

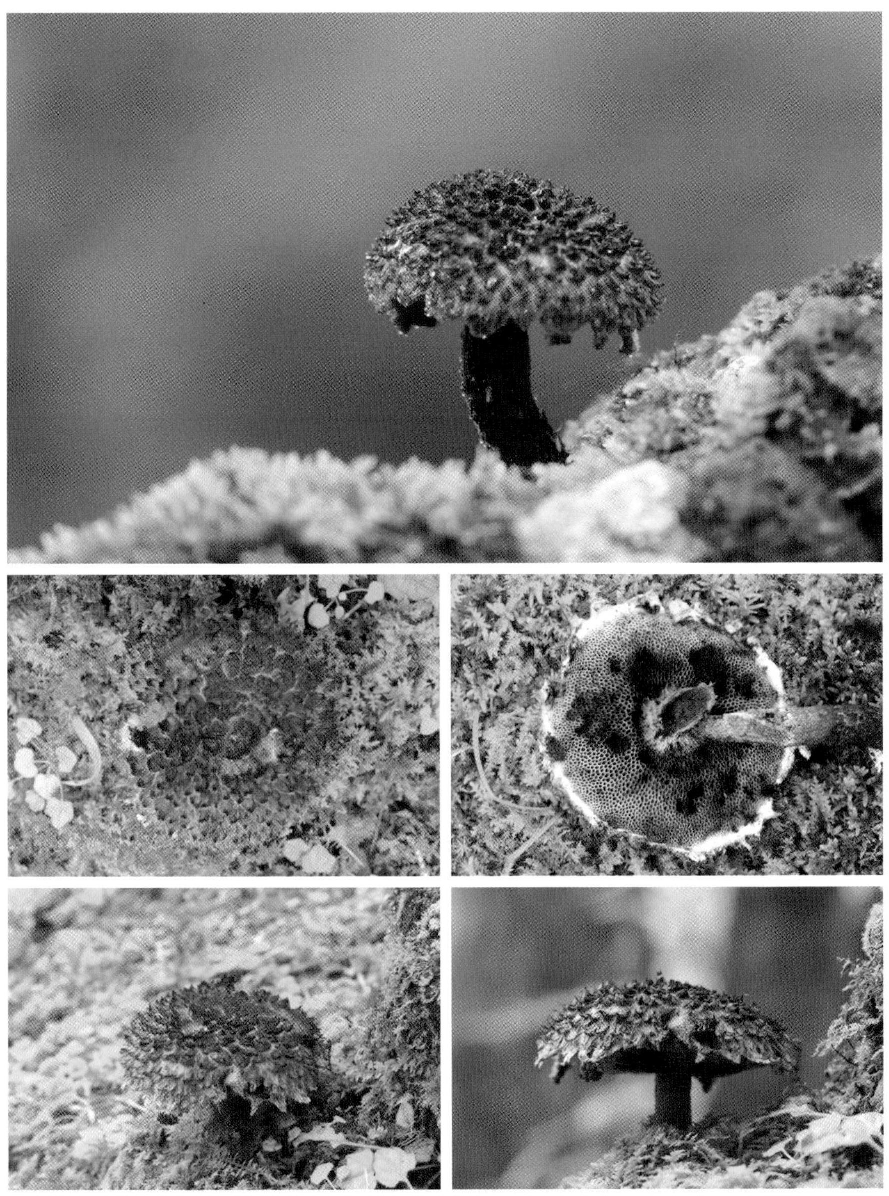

발생　여름부터 가을까지 | 침엽수림 · 활엽수림 · 혼합림 내의 땅 위

특징　갓은 회백색, 회색, 회갈색, 흑색 바탕에 섬유질 뿔 모양, 털 모양의 인편이 덮여 있다. 관공은 백색에서 회백색~암회색~흑색이 되고, 상처가 나면 적색을 거쳐 흑색으로 변한다.

은빛쓴맛그물버섯

그물버섯과

Sutorius eximius (Peck) Halling, Nuhn & Osmundson

발생 여름부터 가을까지 | 활엽수림 내의 땅 위

특징 갓은 백색의 미세한 가루로 덮여 있다가 매끄러워지고 보랏빛을 띤 자갈색에서 암적갈색이 된다. 관공은 연한 자갈색에서 칙칙한 자갈색으로 변해간다. 자루에는 적갈색 인편이 덮여 있다.

제주쓴맛그물버섯

Tylopilus neofelleus Hongo

발생 여름부터 가을까지 | 활엽수림 · 혼합림 내의 땅 위

특징 갓은 벨벳 같은 질감으로 녹갈색에서 보라색과 갈색이 늘어 혼합된 색을 띤다. 관공은 연한 백색에서 분홍색~연한 자주색이 되고, 구멍이 매우 촘촘하다. 기부에는 백색의 균사가 있다.

진갈색멋그물버섯 _황금씨그물버섯

그물버섯과

Xanthoconium affine (Peck) Singer

발생 여름부터 가을까지 | 침엽수림 · 활엽수림 내의 땅 위

특징 갓은 벨벳 같은 질감으로 암갈색에서 황갈색으로 변해간다. 관공은 연한 황색에서 황갈색으로 변해가고, 구멍이 촘촘하며 만지면 갈색으로 변한다. 자루 위쪽에 미세한 그물 무늬가 있다.

호두산그물버섯

Xerocomus hortonii (Sm. & Thiers) Manfr. Binder & Besl

발생 여름부터 가을까지 | 활엽수림 내의 땅 위

특징 갓은 탁한 적갈색에서 갈색~연한 황갈색이 되고, 쭈글쭈글하게 심한 요철 모양으로 변한다. 관공은 황색에서 녹황색이 되고 구멍이 촘촘하며, 상처가 나도 색이 바뀌지 않는다.

큰둘레그물버섯

둘레그물버섯과

Gyroporus longicystidiatus Nagas. & Hongo

발생 여름부터 가을까지 | 활엽수림 · 혼합림 내의 땅 위

특징 갓은 황갈색~갈색의 펠트 모양으로 휘고 울퉁불퉁해진다. 관공은 백색에서 황갈색을 거쳐 지저분한 갈색으로 변한다. 자루는 위쪽으로 가늘어지고 아래쪽은 비만한 모습이 나타난다.

비단그물버섯

Suillus luteus (L.) Rouss.

발생 가을 | 침엽수림(소나무) 내의 땅 위

특징 갓은 밤껍질 색, 적갈색, 황갈색이다가 오래되면 옅은 색으로 변하며 광택이 있다. 관공은 황색에서 녹황색~황갈색이 되고 간격이 촘촘하다. 자루에 갈색의 점 모양 인편이 붙어 있다.

젖비단그물버섯

비단그물버섯과

Suillus granulatus (L.) Rouss

발생 여름부터 가을까지 | 침엽수림(소나무) 내의 땅 위

특징 갓은 적갈색에서 점차 황갈색으로 변해가며 습할 때는 매우 끈적거린다. 관공은 황색에서 황갈색이 되고, 어릴 때 백황색의 유액을 분비한다. 자루에 갈색의 점 모양 인편이 붙어 있다.

평원비단그물버섯

Suillus placidus (Bonord.) Singer

발생 여름부터 가을까지 | 침엽수림(잣나무) 내의 땅 위

특징 갓은 백색 또는 연한 자갈색에서 회황갈색이 되며 습할 때는 매우 끈적거린다. 관공은 백색에서 황색으로 변해가고 다각형으로 간격이 촘촘하다. 자루에 적갈색의 점 모양 인편이 붙어 있다.

황소비단그물버섯

비단그물버섯과

Suillus bovinus (Peck) Rouss

발생 늦여름부터 가을까지 | 침엽수림(소나무) 내의 땅 위

특징 갓은 적갈색이다가 점차 황갈색이 되고, 습할 때 매우 끈적거리고 마르면 약간 광택이 있다. 관공은 녹황색으로 내려 붙은 모양이고, 구멍이 약간 성기다. 자루의 기부에 백색의 균사가 있다.

먼지버섯

Astraeus hygrometricus (Pers.) Morgan

발생 봄부터 초겨울까지 | 길가, 등산로 주변, 숲속 땅 위

특징 자실체는 편평한 공 모양으로, 성숙하면 두껍고 단단한 가죽질의 외피가 6~10개 조각으로 갈라져 별 모양으로 뒤집힌다. 갈라진 외피의 내면은 백색으로 논바닥 갈라지듯 균열이 생긴다.

비단못버섯

못버섯과

Chroogomphus vinicolor (Peck) O. K. Miller

발생 여름부터 가을까지 | 침엽수림(소나무) 내의 땅 위

특징 갓은 연한 오렌지색이 도는 황토색에서 점차 포도주색, 자줏빛 적갈색, 회색빛 적갈색으로 변해간다. 주름살은 연한 황토색에서 점차 흑색 기가 더해진다. 자루의 기부는 뾰족해진다.

큰마개버섯

못버섯과

Gomphidius roseus (Fr.) Fr.

발생 여름부터 가을까지 | 침엽수림(소나무) 내의 땅 위

특징 갓은 습할 때 끈적거리고 연한 홍색에서 적색으로 변해간다. 주름살은 회백색에서 암회갈색이 되고 간격이 성기다. 자루는 기부 쪽으로 급격히 가늘어진다. 황소비단그물버섯과 공생한다.

어리알버섯

Scleroderma verrucosum (Bull.) Pers.

발생 여름부터 가을까지 | 숲속 모래땅 위

특징 자실체는 찌그러진 원에서 좀 더 납작해지고, 진한 갈색에서 불규칙하게 갈라져 알갱이 모양의 인편으로 되면서 연한 황갈색의 바탕이 드러난다. 상처가 나면 자주색으로 변한다.

연지버섯

Calostoma japonicum P. Henn.

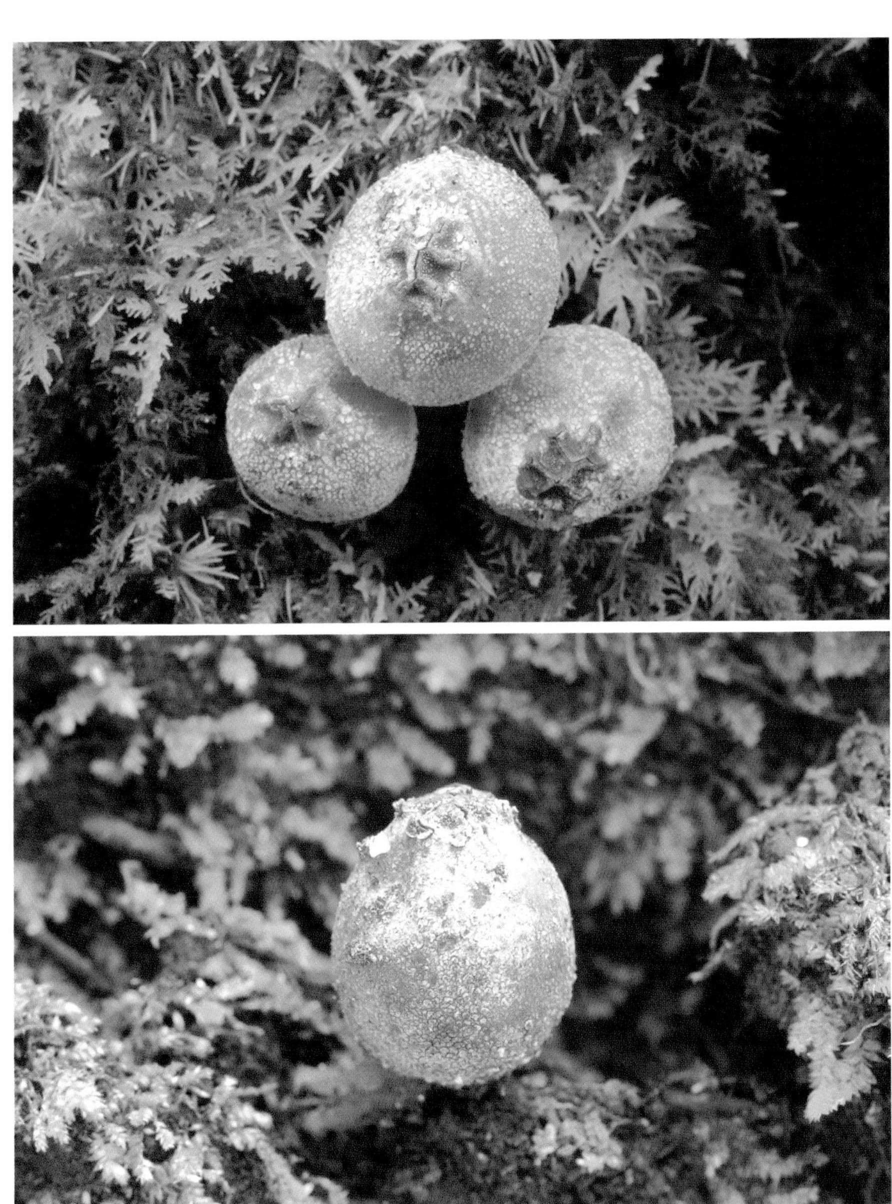

발생 여름부터 가을까지 | 이끼류, 숲속 땅 위

특징 자실체는 공 모양을 한 머리와 가짜 자루로 이뤄지고, 머리 꼭대기에 붉은 별 모양의 포자 방출구가 있다. 머리 부분의 껍질은 연한 황적갈색이며 흰 가루로 덮여 있다가 떨어진다.

꽃잎주름버짐버섯 _꽃잎우단버섯

은행잎버섯과

Pseudomerulius curtisii (Berk.) Redh. & Ginns

발생 여름부터 가을까지 | 침엽수 그루터기, 죽은 줄기 위

특징 갓은 반원, 부채, 심장 모양으로 겨자색이 가미된 황색이다. 주름살은 황색, 밝은 황색으로 간격이 약간 촘촘하고, 주름 맥이 압축되어 불규칙하게 여러 번 갈라져 물결 모양을 나타낸다.

꾀꼬리버섯

Cantharellus cibarius Fr.

발생 여름부터 가을까지 | 침엽수림 · 활엽수림 내의 땅 위

특징 갓은 적갈색을 띤 황색에서 점점 밝아지고, 오래되면 탁한 황색이 되며 가장자리가 얇게 갈라지며 물결 모양이 된다. 주름살은 길게 내려 붙은 모양이고 맥 모양으로 연결된다.

붉은꾀꼬리버섯

꾀꼬리버섯과

Cantharellus cinnabarinus (Schw.) Schw.

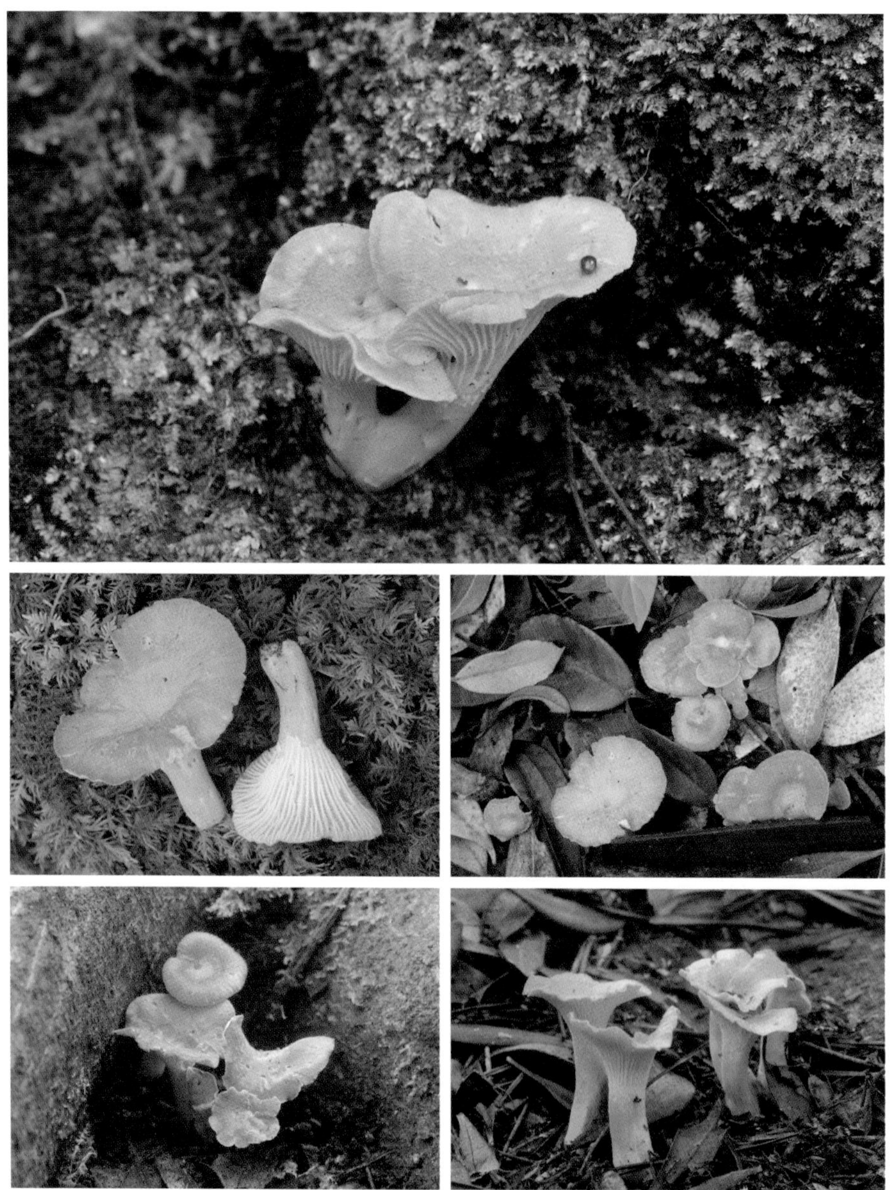

발생 여름부터 가을까지 | 활엽수림 · 혼합림 내의 땅 위

특징 갓은 붉은 주황색으로 매끄러우며 가장자리는 물결 모양이 되거나 얇게 갈라진다. 주름살은 연주황빛이 도는 백색으로 내려 붙은 모양이고, 맥으로 연결되어 있다. 자루에 세로줄이 있다.

애기꾀꼬리버섯

Cantharellus minor Peck

발생 여름부터 가을까지 | 숲속 땅 위

특징 갓은 황색으로 가장자리가 안쪽으로 말려 있고, 오래되면 물결 모양이 된다. 주름살은 갓과 같은 색으로 내려 붙은 모양이고, 맥으로 연결되어 있다. 자루는 황색이고 굽어 있으며 매끄럽다.

뿔나팔버섯

꾀꼬리버섯과

Craterellus cornucopioides (L.) Pers.

발생 여름부터 가을까지 | 활엽수림 · 혼합림 내의 땅 위

특징 갓은 깊은 깔때기 모양으로 흑갈색에서 회갈색이 되고, 가장자리는 오래되면 갈라져 물결 모양이 된다. 아랫면은 회백색~청회색으로 뚜렷한 경계 없이 자연스럽게 자루와 연결되어 있다.

꼬마나팔버섯 _파상꼬마나팔버섯

Pseudocraterellus undulatus (Pers.) Rauschert

발생 여름부터 가을까지 | 공원, 숲속, 이끼 낀 땅 위

특징 갓은 깔때기 모양으로 어릴 때는 갈색의 인편이 덮여 있다. 표면은 흑갈색에서 회갈색으로 옅어지며, 가장자리가 물결 모양으로 변한다. 아랫면은 회백색~청회색으로, 불규칙하게 주름져 있다.

볏싸리버섯

볏싸리버섯과

Clavulina coralloides (L.) Schroet.

발생 여름부터 가을까지 | 공원, 풀밭, 길가, 숲속 땅 위

특징 자실체는 기부에서 나온 가지가 여러 번 갈라져 산호 모양이 된다. 가지는 짧고 불규칙하게 갈라지며, 가지 끝이 뾰족하게 여러 갈래로 갈라진다. 표면은 백색, 백황색, 연한 회갈색이다.

자주색볏싸리버섯

Clavulina amethystinoides (Peck.) Corner

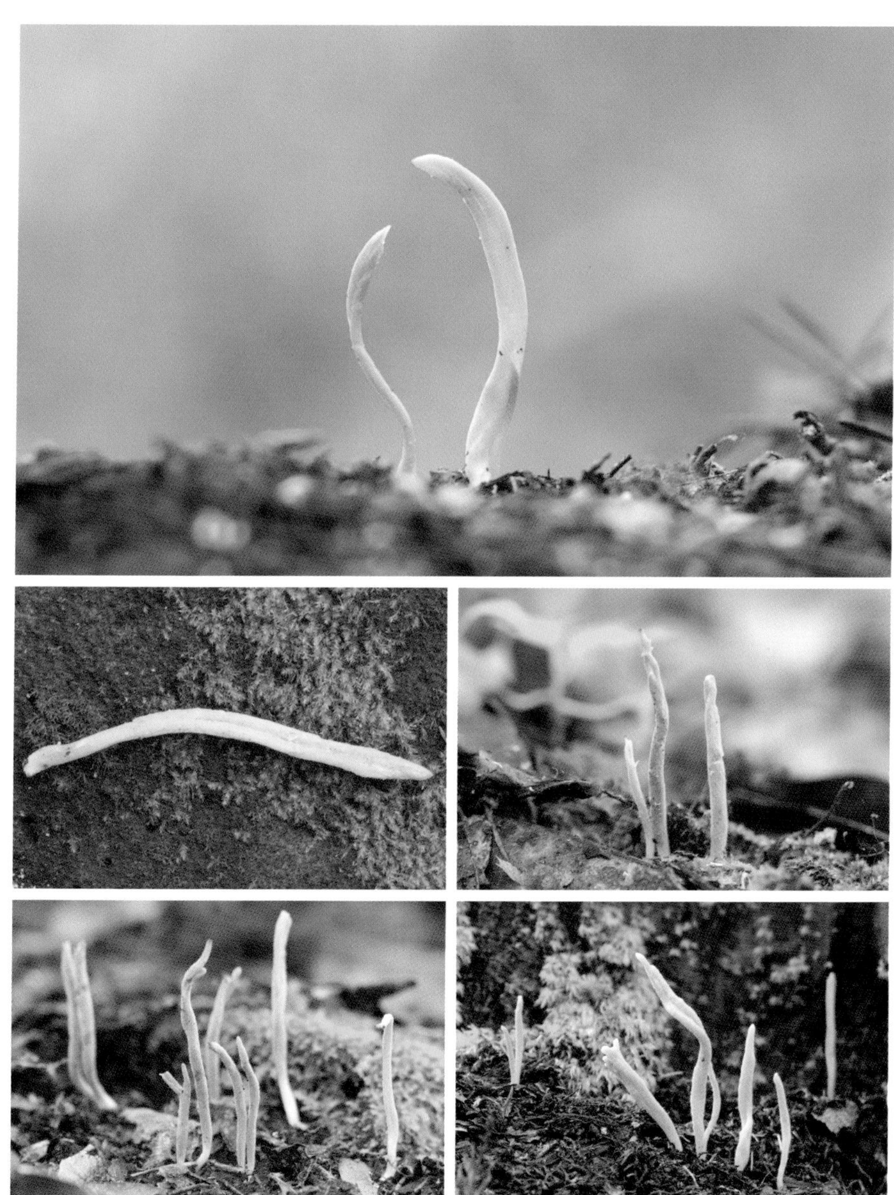

발생 여름부터 가을까지 | 활엽수림 내의 땅 위

특징 자실체는 가늘고 긴 자루 모양으로 한 개가 나기도 하고, 사슴뿔 모양으로 갈라지기도 한다. 가지는 다소 납작하게 눌려 있고, 연한 회자색에서 오래되면 황갈색으로 변한다.

턱수염버섯

Hydnum repandum L.

발생 여름부터 가을까지 | 침엽수림 · 혼합림 내의 땅 위

특징 갓은 황갈색에서 점차 색이 옅어지고 매끄럽거나 가는 털로 덮여 있다. 아랫면은 백색에서 연한 황갈색으로 침 모양의 돌기가 무수히 많다. 자루는 불규칙한 모양으로 구부러져 있다.

흰턱수염버섯 _턱수염버섯(흰색형)

Hydnum repandum var. albidum (Quél.) Rea

발생 여름부터 가을까지 | 침엽수림 · 활엽수림 내의 땅 위

특징 갓은 백색에서 연한 백황색으로 변해가고 매끄러우며, 가장자리는 물결 모양이다. 아랫면은 백색~백황색으로 침 모양의 돌기가 무수히 많다. 자루는 백색으로 매끄럽고 속이 차 있다.

목도리방귀버섯

방귀버섯과

Geastrum triplex Jungh.

발생 여름부터 가을까지 | 숲속의 낙엽이 부식된 땅 위

특징 자실체는 회녹색으로 표면이 갈라져 큰 인편이 생긴다. 외피는 5~8개의 조각으로 갈라져 별 모양이고, 갈라진 외피는 2층이 된다. 포자를 방출하는 정공부 둘레에 뚜렷한 원좌가 있다.

애기방귀버섯

Geastrum mirabile Mont.

발생 여름부터 가을까지 | 침엽수림 · 활엽수림 내의 낙엽 위

특징 자실체는 갈색 또는 적갈색의 솜털 모양 인편이 덮여 있다. 성숙하면 외피가 5~7개의 조각으로 갈라져 별 모양이 된다. 포자를 방출하는 정공부는 원뿔형으로 둘레에 뚜렷한 원좌가 있다.

테두리방귀버섯

방귀버섯과

Geastrum fimbriatum Fr.

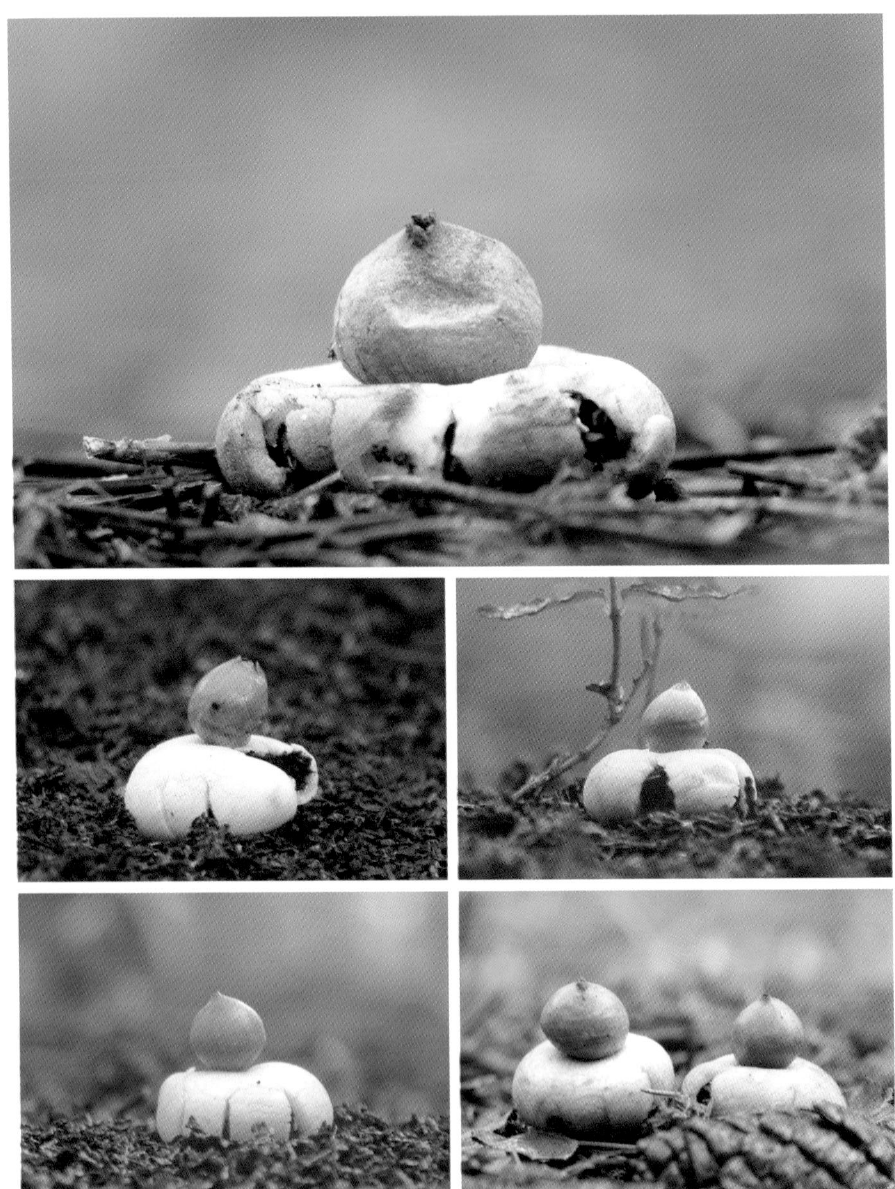

발생 여름부터 가을까지 | 부식토, 숲속 낙엽 사이 땅 위

특징 자실체는 표면이 연한 적갈색의 미세한 털로 덮여 있고, 성숙하면 외피가 5~10개 조각으로 갈라져 별 모양이 된다. 포자 주머니 표면은 살색에서 연한 황적갈색이 되며, 위쪽이 조금 뾰족하다.

붉은싸리버섯

나팔버섯과

Ramaria formosa (Pers.) Quél.

발생 가을 | 활엽수림 내의 땅 위

특징 자실체는 기부에서 나온 몇 개의 가지가 'U 자형'으로 갈라져 산호 모양이 된다. 가지 표면은 어릴 때 주홍색에서 분홍색을 거쳐 점차 황색으로 짙어지다가 탁한 황색이 된다.

톱니겨우살이버섯

소나무비늘버섯과

Coltricia cinnamomea (Jacq.) Murrill

발생 여름부터 가을까지 | 길가, 절개지, 혼합림 내의 땅 위

특징 갓은 깔때기 모양이며 녹슨 갈색, 적갈색, 황갈색으로 둥근 테 무늬가 있다. 갓 표면은 비단 같은 광택과 방사상의 섬유 무늬가 있으며, 가장자리가 톱니 모양이다. 관공은 다각형으로 약간 촘촘하다.

벌집겨우살이버섯 _너도겨우살이버섯

Coltriciella dependens (Berk. & Curt.) Murr.

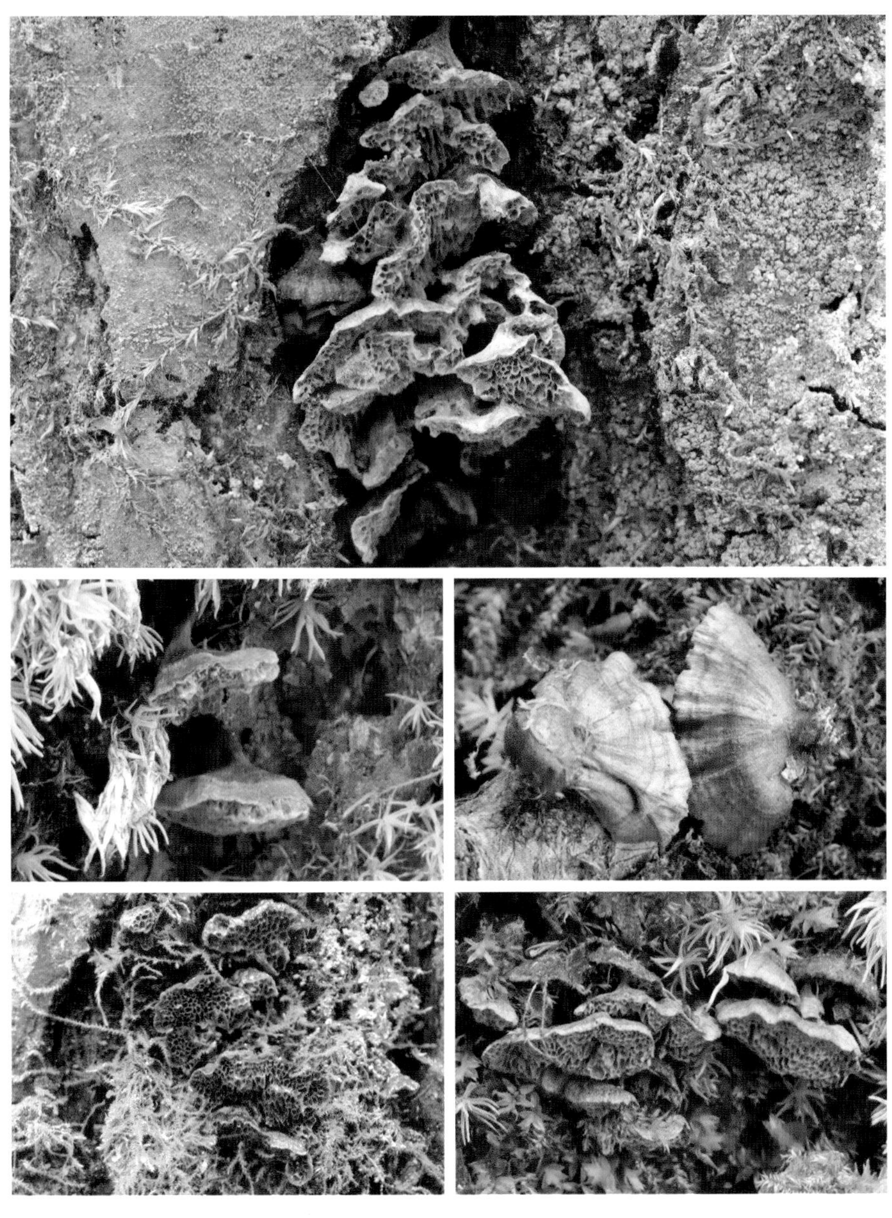

발생 여름부터 가을까지 | 썩어가는 나무 위

특징 갓은 좁게 부착된 기부에서 부채 모양으로 넓게 성장해간다. 갓 표면은 갈색에서 녹슨 갈색으로 변하며 황갈색의 털이 덮여 있다. 자실층인 관공은 백황갈색으로 구멍의 밀도가 성기다.

금빛소나무비늘버섯 _금빛진흙버섯

Hymenochaete xerantica (Berk.) S.H.He & Y.C.Dai

발생 여름부터 가을까지 | 활엽수 그루터기, 죽은 줄기 위

특징 갓은 황갈색에서 갈색이 되고 벨벳 같은 미세한 털로 덮여 있다. 갓 표면은 얕게 파인 테 무늬가 있으며 가장자리는 밝은 황색이다. 관공은 황색에서 갈색으로 변해가며 원형으로 매우 촘촘하다.

소나무비늘버섯 _암갈색소나무비늘버섯

Hymenochaete rubiginosa (Dicks.) Lév.

발생 연중 | 활엽수 죽은 줄기, 쓰러진 나무줄기 위

특징 자실체는 반배착생으로 점 모양으로 발생하여 넓게 퍼져 나간다. 갓은 오렌지 갈색에서 회갈색이 되고, 연한 테 무늬가 있다. 자실층은 담배 갈색~녹슨 갈색 또는 커피색이다.

붉은소나무비늘버섯

소나무비늘버섯과

Hymenochaete cruenta (Pers.) Donk

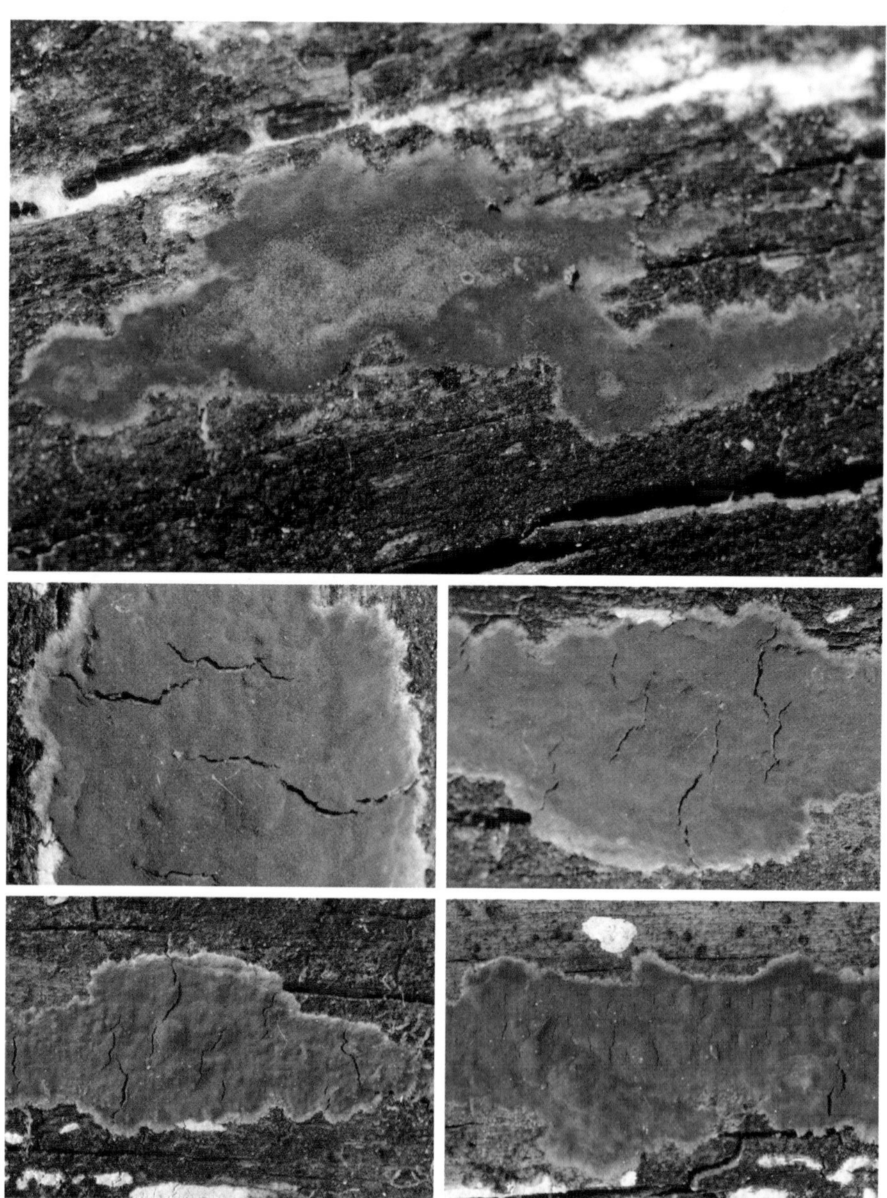

발생 연중 | 죽은 나무(전나무) 줄기나 가지의 껍질 위

특징 자실체는 배착생으로 처음에는 점 모양으로 발생해 자실층과 융합되면서 넓게 퍼져 나간다. 어릴 때는 밝은 적색이나 갈적색~갈색으로 변해가고, 딱딱한 각질이며 갈라지기 쉽다.

기와소나무비늘버섯

소나무비늘버섯과

Hymenochaetopsis intricata (Lloyd) S.H. He & Jiao Yang

발생 여름부터 가을까지 | 활엽수 죽은 줄기나 가지 위

특징 반배착생으로 갓은 황갈색에서 적갈색으로 변해가는 털로 덮여 있다. 갓 표면은 테 무늬가 있고, 가장자리는 물결 모양으로 심하게 굴곡진다. 아랫면은 황갈색에서 탁한 갈색을 거쳐 회색이 된다.

마른진흙버섯

소나무비늘버섯과

Phellinus gilvus (Schw.) Pat.

발생 여름부터 가을까지 | 활엽수 죽은 줄기나 가지 위

특징 반배착생으로 위아래로 겹쳐서 넓게 퍼져 나간다. 갓은 황갈색에서 갈색으로 변해가며 짧고 거친 털과 사마귀 같은 돌기로 덮여 있다. 관공은 황갈색에서 암갈색이 되며 간격이 촘촘하다.

목질진흙버섯 _상황진흙버섯

Tropicoporus linteus (Berk. & M.A. Curtis) L.W. Zhoui

발생 연중 | 활엽수(뽕나무, 산벚나무) 죽은 줄기 위

특징 갓은 반원에서 말굽 모양이 되고 성장하면서 단단한 목질 조직이 되며, 선명한 테 무늬가 나타난다. 가장자리는 성장할 때 밝은 황색이다. 관공은 밝은 황색에서 황갈색으로 변해간다.

녹색말범부채버섯 _찔레상황

Phylloporia ribis (Schumach.) Ryvarden

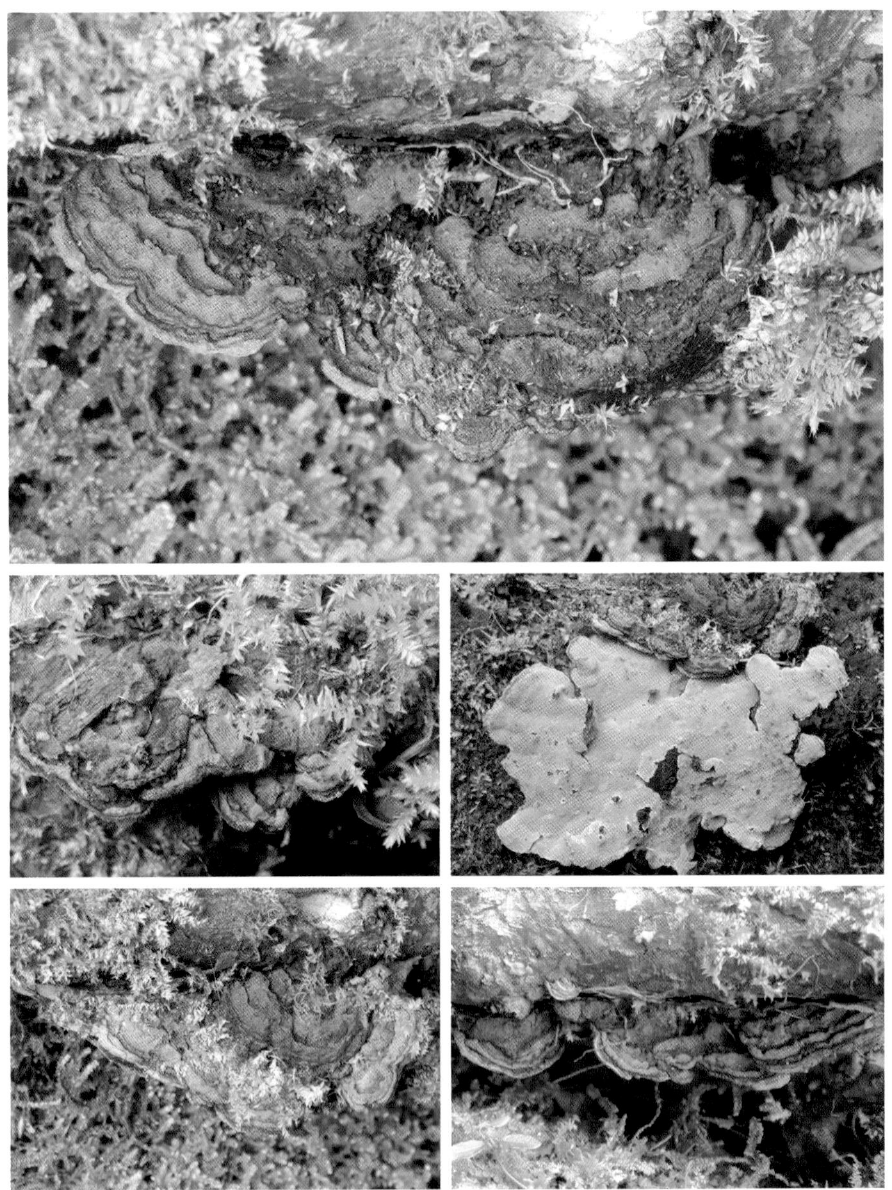

발생 연중 | 활엽수 죽은 줄기, 찔레나무 밑동

특징 갓은 반원 모양~둥근 선반 모양으로 편평하고 녹슨 갈색에서 흑갈색으로 변해 간다. 자실층인 갓 아랫면은 관공으로 황록갈색에서 적갈색으로 변해가며, 구멍은 원형으로 간격이 매우 촘촘하다.

노란이끼버섯 _패랭이버섯

Rickenella fibula (Bull.) Raithelh.

발생 봄부터 여름까지 | 정원, 공원, 숲 등의 이끼가 많은 땅 위

특징 갓은 밝은 황색, 밝은 황적색이며 가운데는 진한 색으로 가운데가 오목해진다. 주름살은 연한 황색이고 내려 붙은 모양이며, 간격이 매우 성기다. 자루는 연한 황색으로 속이 비어 있다.

큰구멍흰살버섯

좀구멍버섯과

Oxyporus latemarginatus (Durieu & Mont.) Donk

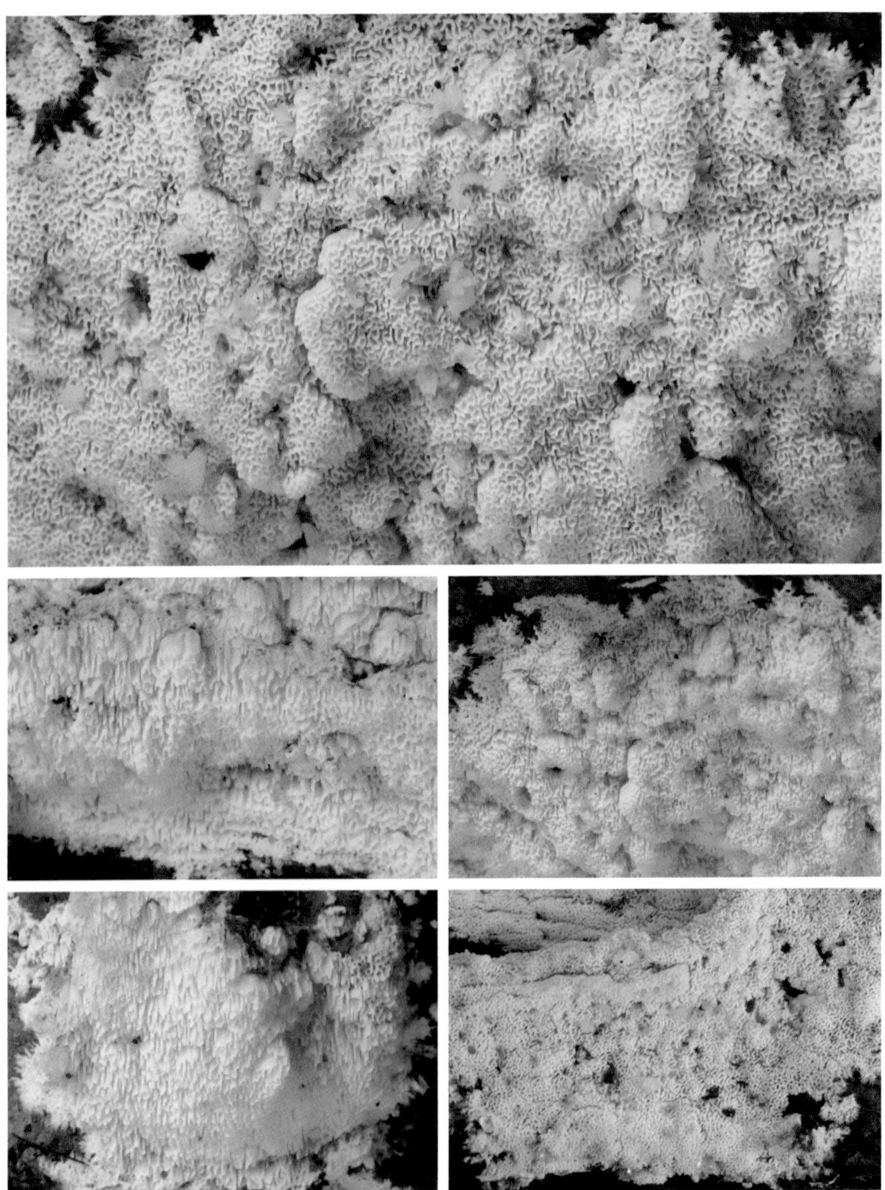

발생 여름부터 가을까지 | 활엽수 죽은 줄기나 살아 있는 나무 위

특징 배착생으로 둥근 덩어리 모양일 때가 많다. 자실층은 관공으로 백색에서 황갈색으로 변해간다. 구멍은 다각형에서 불규칙한 모양이 되고 약간 촘촘하다. 관공의 입구 부분은 이빨 모양이다.

좀구멍버섯

Schizopora paradoxa (Schrad.) Donk

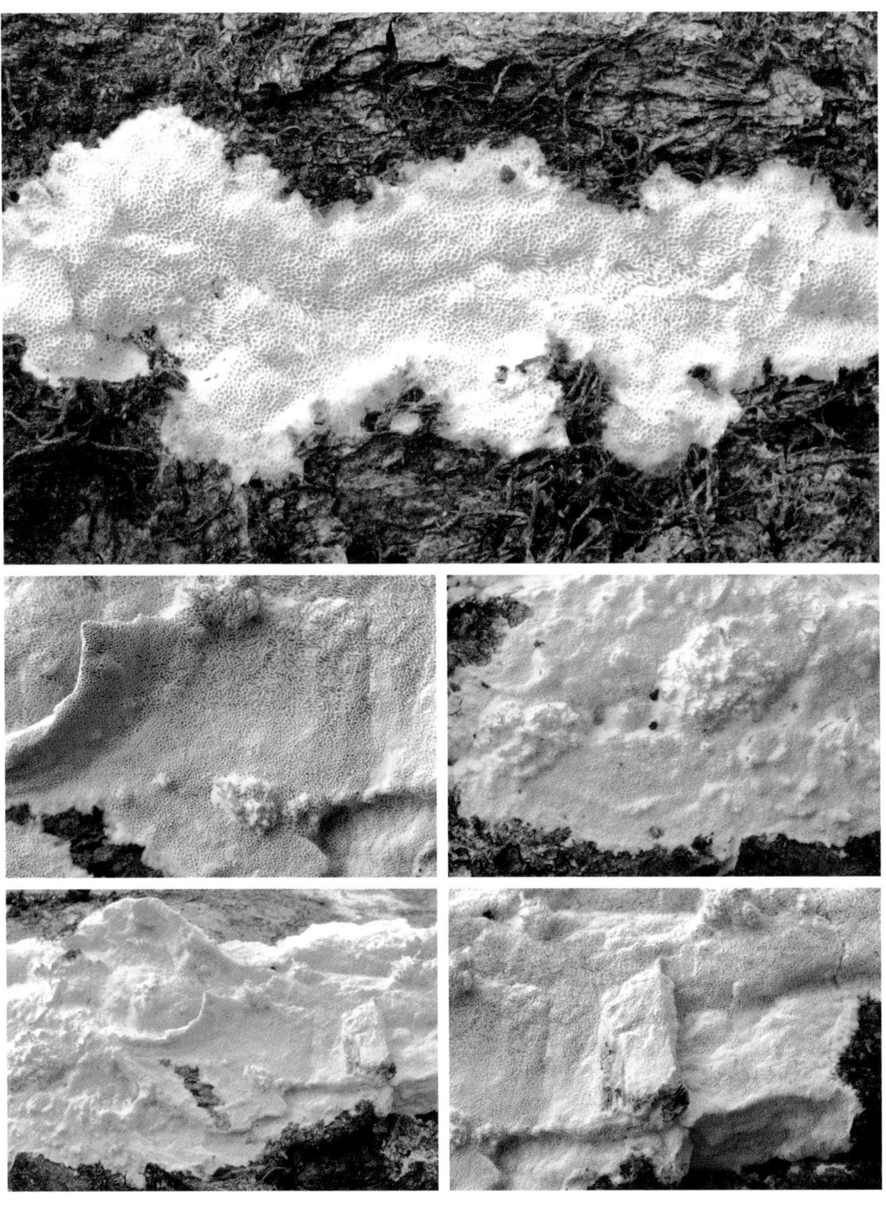

발생 봄부터 가을까지 | 활엽수(참나무) 죽은 줄기 위

특징 배착생으로 나무껍질 위에 넓게 퍼져 나가며 외부와 경계가 비교적 뚜렷하다. 자실층은 관공으로 연한 백황색에서 연한 황갈색이 되고 구멍은 원, 미로, 이빨 모양으로 간격이 촘촘하다.

오징어버섯

말뚝버섯과

Aceroe coccinea Imazeki & Yoshimi

발생 여름에서 가을까지 | 왕겨, 톱밥, 말·소의 배설물 위

특징 자실체는 어릴 때는 백색 알 모양이고 성숙하면 머리 부분과 자루가 발생한다. 머리 부분은 접시 모양이고, 7~9개의 긴 고깔 모양으로 팔이 펴진다. 팔은 선홍색이며 끝부분이 뾰족하다.

바구니버섯 _붉은바구니버섯

말뚝버섯과

Clathrus ruber P. Micheli ex Pers.

발생 여름부터 가을까지 | 숲속 내의 유기질 땅 위

특징 자실체는 어릴 때는 백색 알 모양이고, 성숙하면 외피가 찢어지고 가지가 나와 서로 둥글게 붙은 바구니 모양이 된다. 가지는 밝은 적색이며 안쪽이 더 진하다. 안쪽에는 녹갈색 점액이 덮여 있다.

꽃바구니버섯

말뚝버섯과

Clathrus archeri (Berk.) Dring

발생 여름 | 초지, 목장, 침엽수림·활엽수림 내의 부엽토 위

특징 자실체는 어릴 때는 백색 알 모양이고, 성숙하면 외피가 찢어져 자루와 팔 부분이 돌출된다. 팔은 4~6개의 가닥으로 갈라지고, 표면이 연한 적색~적색을 띠며 위쪽에 그물 모양의 요철이 있다.

찐빵버섯 _흰찐빵버섯

Kobayasia nipponica (Kobay.) Imai & Kawam.

발생 여름부터 가을까지 | 주로 소나무 숲 땅 위

특징 자실체는 찌그러진 공, 감자 모양이고 외피의 표면은 백색에서 황갈색으로 변해 가며 매끄럽거나 균열이 있다. 내부는 중심에서 방사상으로 혀 모양의 작은 구획으로 갈라져 있다.

뱀버섯

말뚝버섯과

Mutinus caninus (Huds.) Fr.

발생 여름 | 정원, 길가, 숲속 땅 위

특징 자실체는 어릴 때는 백색 알 모양이고, 성숙하면 한 개의 대가 원통형으로 나온다. 머리 부분은 진한 홍색이며 사마귀 또는 주름살 모양으로 융기하고, 암록갈색의 점액이 덮여 있다.

붉은머리뱀버섯

말뚝버섯과

Mutinus borneensis Ces.

발생 여름 | 혼합림 내의 땅 위

특징 자실체는 어릴 때는 백색 알 모양이고, 성숙하면 자루와 머리 부분이 돌출한다. 머리 부분은 오렌지색, 선홍색, 적갈색이며 그물 모양으로 융기한다. 머리 부분에 녹갈색 점액이 덮여 있다.

말뚝버섯

말뚝버섯과

Phallus impudicus L.

발생 여름부터 가을까지 | 정원, 길가, 대나무 숲, 숲속 땅 위

특징 자실체는 어릴 때는 백색 알 모양이고, 성숙하면 자루와 갓이 나온다. 갓은 백색의 다각형인 그물 모양으로 융기하고, 그 위에 암녹색의 점액이 덮여 있다. 자루는 백색의 스펀지 질감이다.

망태말뚝버섯

말뚝버섯과

Phallus indusiatus Vent.

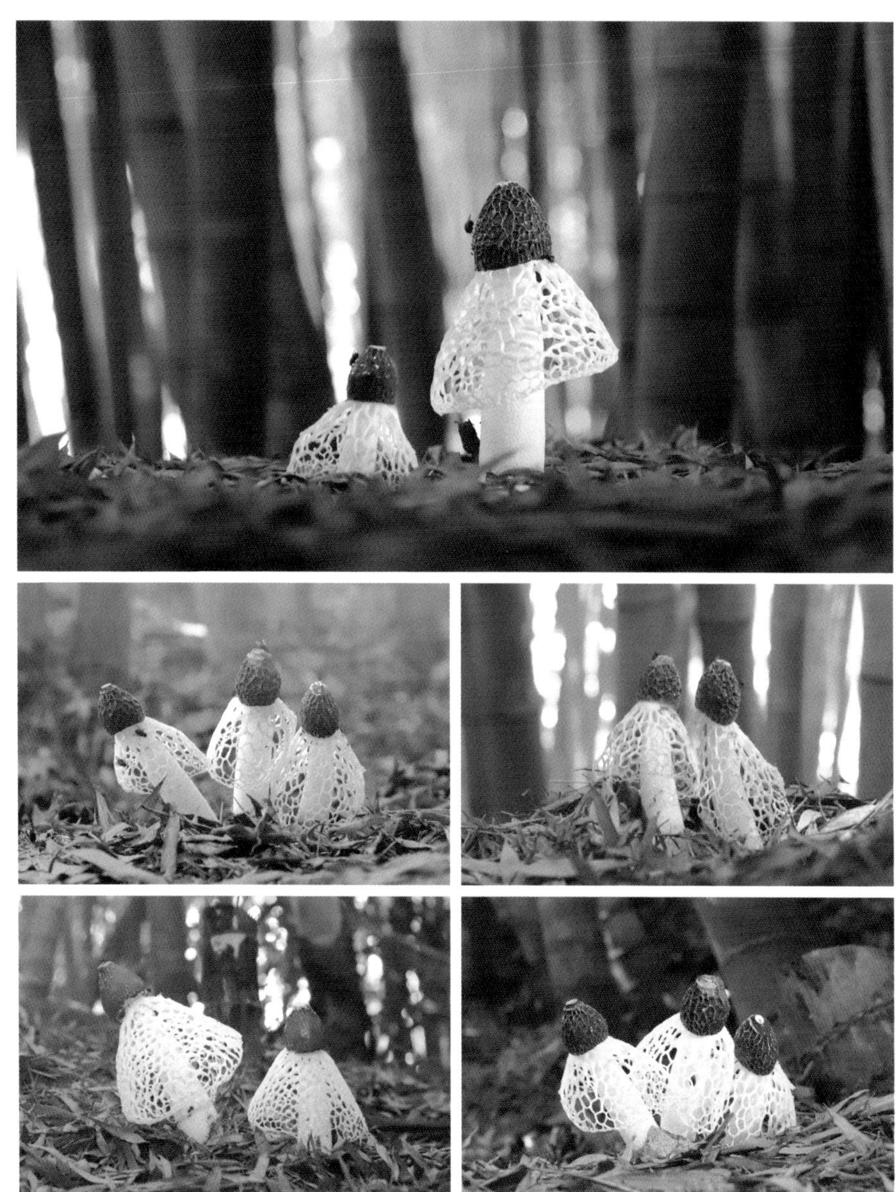

발생 여름부터 초가을까지 | 대나무 숲의 땅 위

특징 자실체는 어릴 때는 백색 알 모양이고, 성숙하면 자루와 갓이 나온다. 갓은 불규칙한 그물 무늬로 돌출하며, 암록갈색의 점액이 덮여 있다. 갓 아래쪽과 자루 사이에서 그물 모양의 망토가 펼쳐진다.

붉은말뚝버섯

말뚝버섯과

Phallus rugulosus Lloyd

발생 여름부터 가을까지 | 길가, 풀밭, 숲속 땅 위

특징 자실체는 어릴 때는 백색, 연한 자주색의 달걀 모양이고 성숙하면 자루와 갓이 나온다. 갓은 긴 종 모양으로 세로로 주름져 있고, 암록갈색의 점액이 덮여 있다. 자루는 스펀지 같은 질감이다.

세발버섯

말뚝버섯과

Pseudocolus fusiformis (E. Fisch.) Lloyd

발생 봄부터 가을까지 | 숲속 부엽토, 썩은 나무, 낙엽 더미 위

특징 자실체는 어릴 때는 백색 달걀 모양이고, 성숙하면 기부에서 3~4개의 구부러진 팔로 갈라지고 그 끝은 붙어 있다. 팔의 안쪽은 오렌지 적색이고 흑갈색의 점액 물질이 덮여 있다.

노란대미로구멍버섯 _노란대구멍장이버섯

구멍장이버섯과

Cerioporus varius (Pers.) Zmitr. & Kovalenko

발생 여름부터 가을까지 | 활엽수 그루터기, 죽은 줄기나 가지 위

특징 갓은 연한 황갈색으로 미세한 섬유 무늬가 있고, 가장자리는 물결 모양이다가 끝은 톱니 모양이 된다. 관공은 백색에서 백황색으로 변해가고 내려 붙은 모양이다. 자루의 아래쪽은 흑갈색이다.

미로구멍버섯

Cerioporus mollis (Sommerf.) Zmitr. & Kovalenko

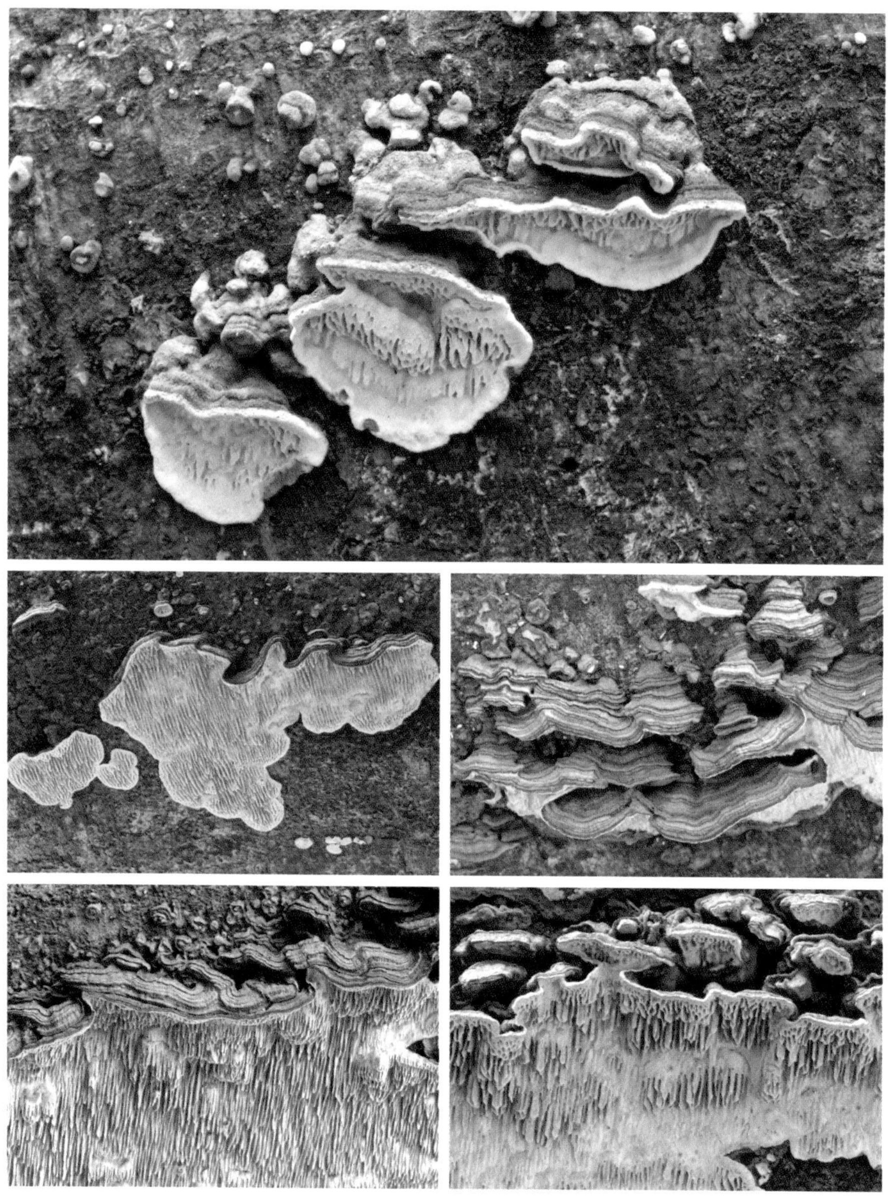

발생 여름부터 가을까지 | 활엽수 죽은 줄기, 살아 있는 줄기 위

특징 반배착생으로 갓은 갈색, 짙은 갈색을 거쳐 거의 흑색으로 변해가며 골 진 테 무늬가 나타난다. 관공은 회백색에서 연한 황토갈색으로 변해가고, 구멍은 각지거나 미로 모양이며 간격이 성기다.

삼색도장버섯

구멍장이버섯과

Daedaleopsis tricolor (BULL.) Bondartsev & Singer

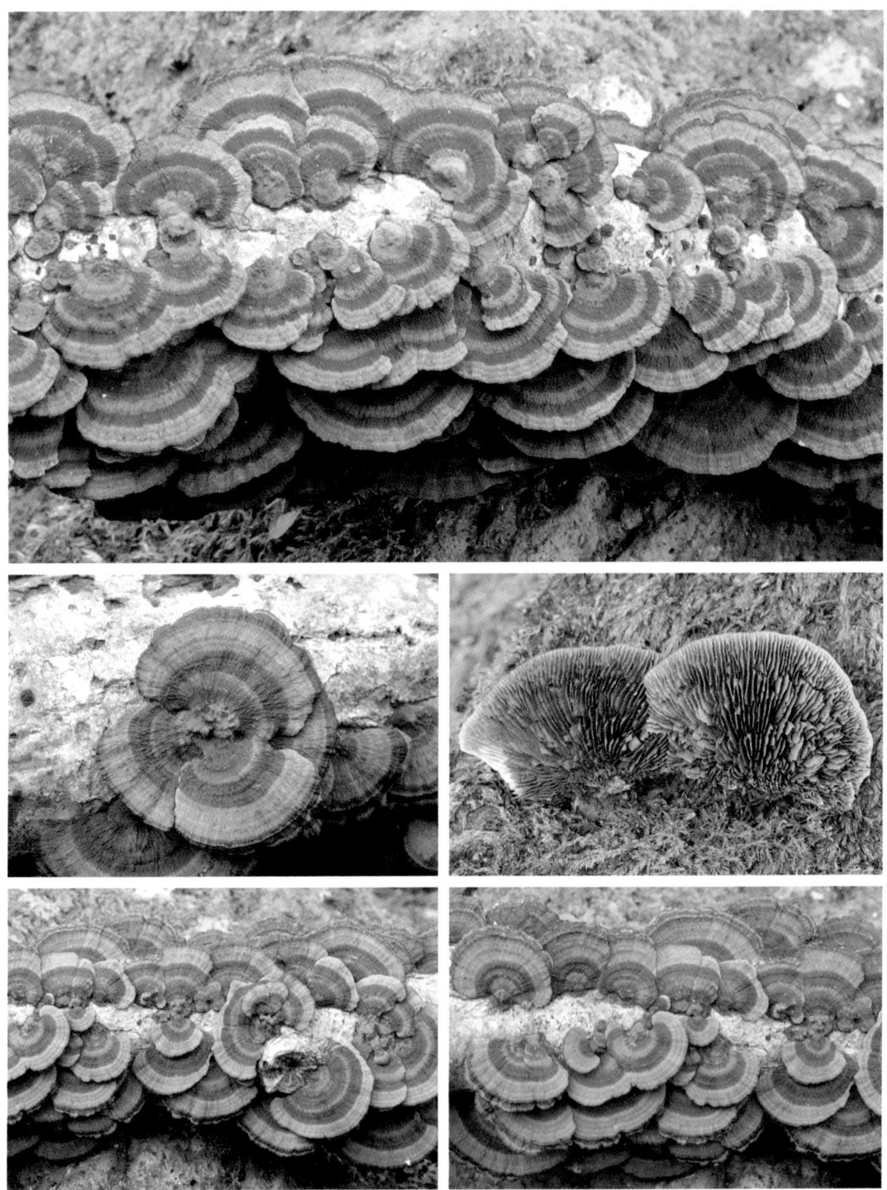

발생 여름부터 가을까지 | 활엽수 죽은 줄기나 가지 위

특징 갓은 반원이나 조개껍데기 모양으로 회갈색, 살색, 자갈색, 흑갈색이며 테 무늬를 만들고 주름져 있다. 갓 아랫면은 주름살로 백색에서 회갈색이 되고, 간격이 약간 촘촘하다.

일본도장버섯

구멍장이버섯과

Daedaleopsis nipponica Imazeki

발생 연중 | 활엽수 그루터기, 죽은 줄기나 가지 위

특징 갓은 황토색, 짙은 갈색, 적갈색, 흑갈색, 회갈색으로 동심원상으로 홈이 있는 테 모양이 형성된다. 관공은 백색에서 회갈색~녹슨 색으로 변해가고 간격이 촘촘하다. 살(조직)은 코르크질이다.

황갈색벌집버섯

구멍장이버섯과

Favolus grammocephalus (Berk.) Imazeki

발생 여름부터 가을까지 | 활엽수 죽은 줄기나 가지 위

특징 갓은 허연색에서 회색~나무껍질 색, 황갈색으로 변해가며 평평하고 미끄러우나 미세한 방사상의 줄무늬가 있다. 관공은 백색에서 탁한 백색이 되며 간격이 촘촘하다. 자루는 매우 짧고 옆으로 치우쳐 난다.

겨울잣버섯 _겨울구멍장이버섯

Lentinus brumalis (Pers.) Zmitr.

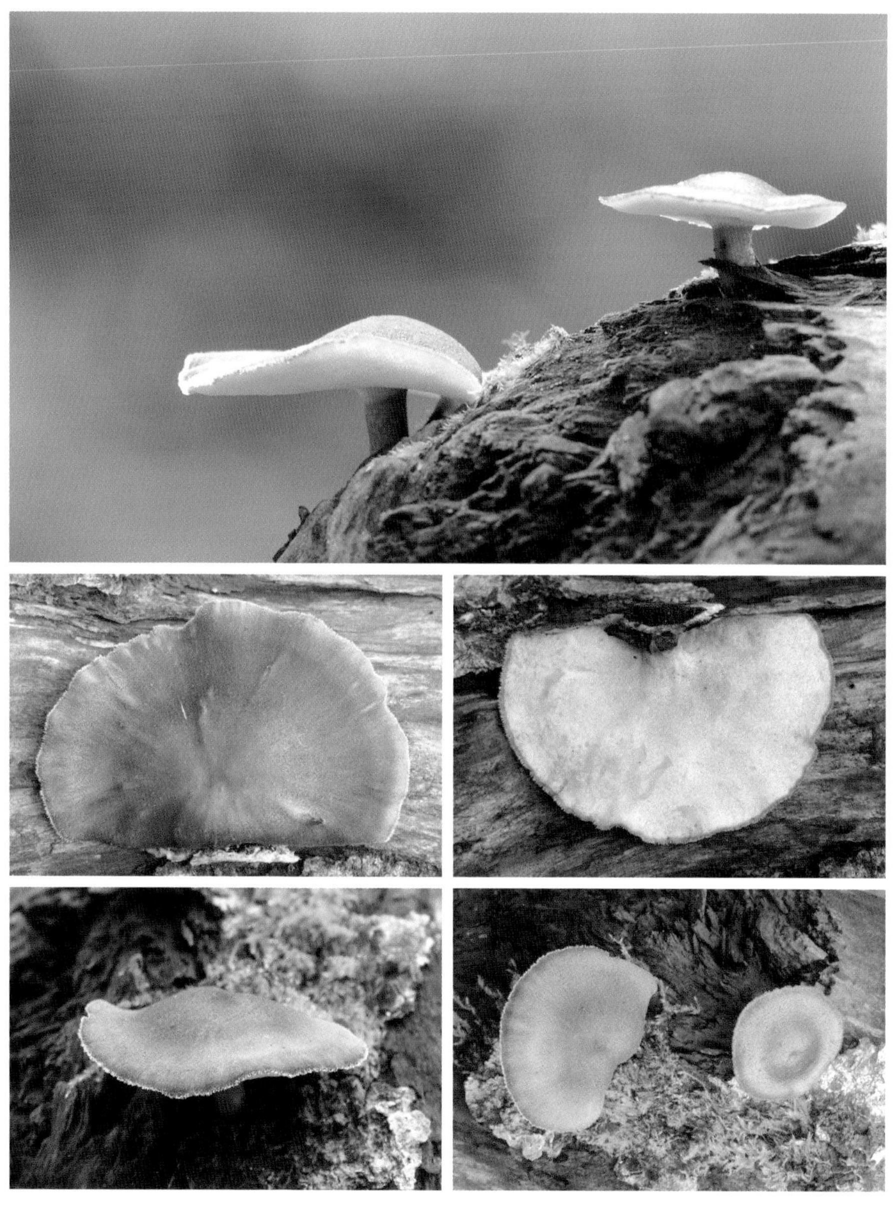

발생 봄부터 겨울까지 | 활엽수 죽은 줄기나 가지 위

특징 갓은 오목하면서 편평한 모양이 되고 암갈색에서 흑갈색으로 변해가며, 회색의 짧은 털이 덮여 있다가 떨어진다. 관공은 백색에서 회백색이 되고 간격이 촘촘하다. 자루는 짧은 막대 모양이다.

좀벌집잣버섯 _좀벌집구멍장이버섯

구멍장이버섯과

Lentinus arcularius (Batsch) Zmitr.

발생 봄부터 초여름까지 | 활엽수 그루터기, 죽은 줄기나 가지 위

특징 갓은 오목한 얕은 깔때기 모양으로, 연한 황갈색 바탕에 흑갈색의 섬유 모양 인편으로 덮인다. 관공은 백색에서 크림색으로 변해가고 간격이 매우 성기다. 자루는 가운데 또는 약간 옆으로 치우쳐 난다.

때죽조개껍질버섯 _때죽도장버섯

Lenzites styracina (Henn. & Shirai) Lloyd

발생 여름부터 가을까지 | 활엽수(때죽나무, 쪽동백나무) 죽은 줄기 위

특징 갓은 반원이나 조개껍데기 모양이며 회백색, 적갈색, 자갈색으로 홈이 있는 테무늬를 만들고 주름져 있다. 갓 아랫면은 주름살로 백색에서 회백색이 되고, 간격이 매우 성기다.

조개껍질버섯

구멍장이버섯과

Lenzites betulina (L.) Fr.

발생 여름부터 가을까지 | 침엽수·활엽수 그루터기, 죽은 줄기 위

특징 갓은 반원, 조개껍데기 모양이며 황회색, 회백색, 회갈색, 갈색, 암갈색으로 비교적 좁은 테 무늬를 만든다. 관공은 백색에서 백황색을 거쳐 회색으로 변해가고 간격이 성기다. 자루는 없다.

큰껍질버섯

구멍장이버섯과

Lopharia cinerascens (Schwein.) G. Cunn.

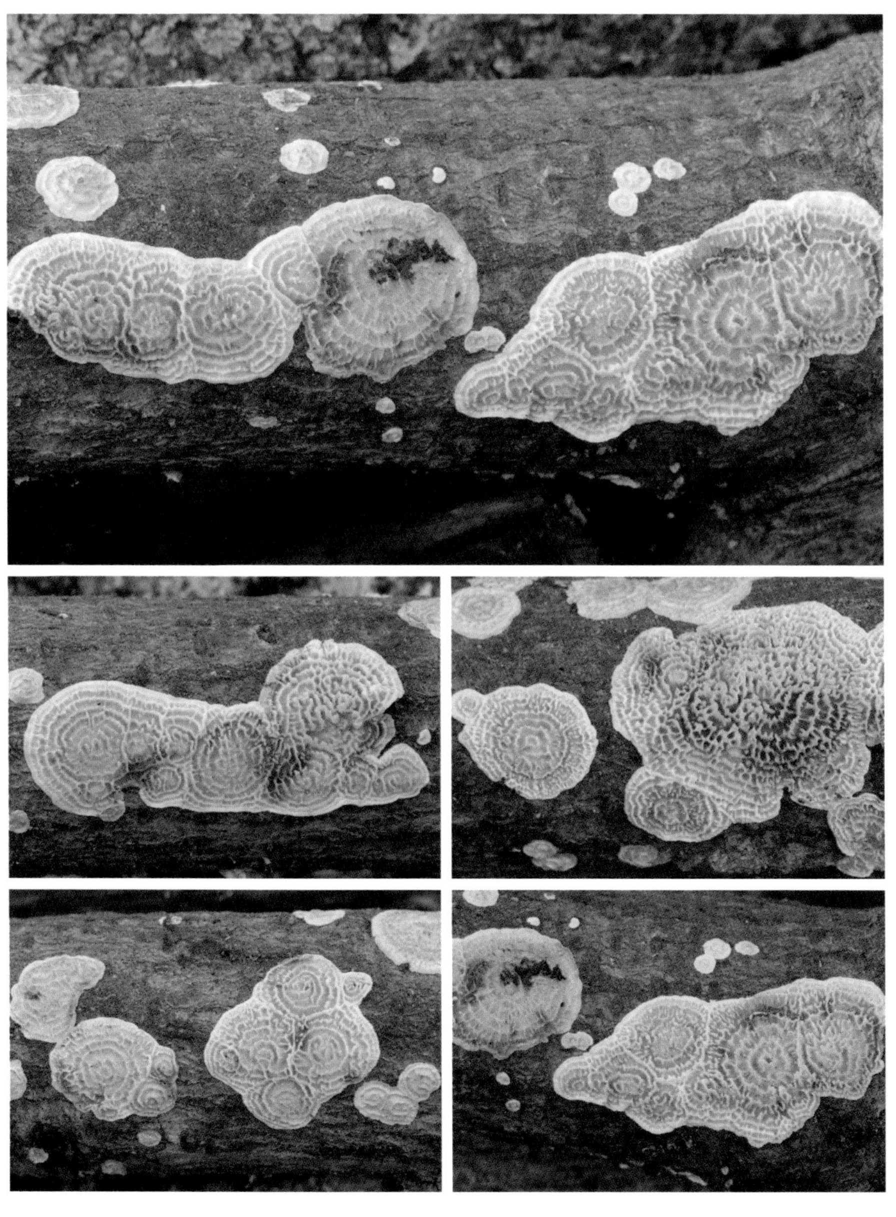

발생 봄부터 가을까지 | 활엽수 죽은 줄기나 가지 위

특징 반백착생으로 갓은 짧은 털이 덮여 있으며, 황갈색과 회백색의 테 무늬가 교대로 나타난다. 자실층 면은 백색에서 연한 황갈색, 회백색으로 변해가며 돌기는 원, 이빨, 침 모양이다.

메꽃버섯 _부채메꽃버섯

구멍장이버섯과

Microporus affinis (Blume et Nees) Kuntze

발생 여름부터 가을까지 | 활엽수 죽은 줄기나 가지 위

특징 갓은 황갈색, 자갈색, 흑갈색을 띠고 폭이 좁은 테 무늬가 있다. 관공은 백색에서 백황색으로 변해가고 간격이 매우 촘촘하다. 자루는 짧고 기주에 원반 모양으로 붙어 있다.

벌집구멍장이버섯 _붉은색새벌집버섯

Neofavolus alveolaris (DC.) Sotome & T. Hatt.

발생 봄부터 가을까지 | 활엽수(드물게 침엽수) 죽은 줄기나 가지 위

특징 갓은 연한 황갈색에서 연한 갈색으로 변해가며 미세한 인편으로 덮여 있고, 가장자리가 아래로 말려 있다. 관공은 연한 황색이고, 구멍은 육각형 벌집 모양으로 크고 간격이 매우 성기다.

포도색잔나비버섯

구멍장이버섯과

Nigroporus vinosus (Berk.) Murrill

발생 여름부터 가을까지 | 침엽수(소나무) 그루터기, 죽은 줄기 위

특징 갓은 진한 포도색, 암회색, 자갈색으로 얕게 파인 테 무늬가 있으며 매끄럽다. 관공은 연한 포도색에서 흑자색으로 변해가며, 간격이 매우 촘촘하다. 상처가 나면 짙은 포도주색으로 변한다.

금빛흰구멍버섯

구멍장이버섯과

Perenniporia subacida (Peck) Donk

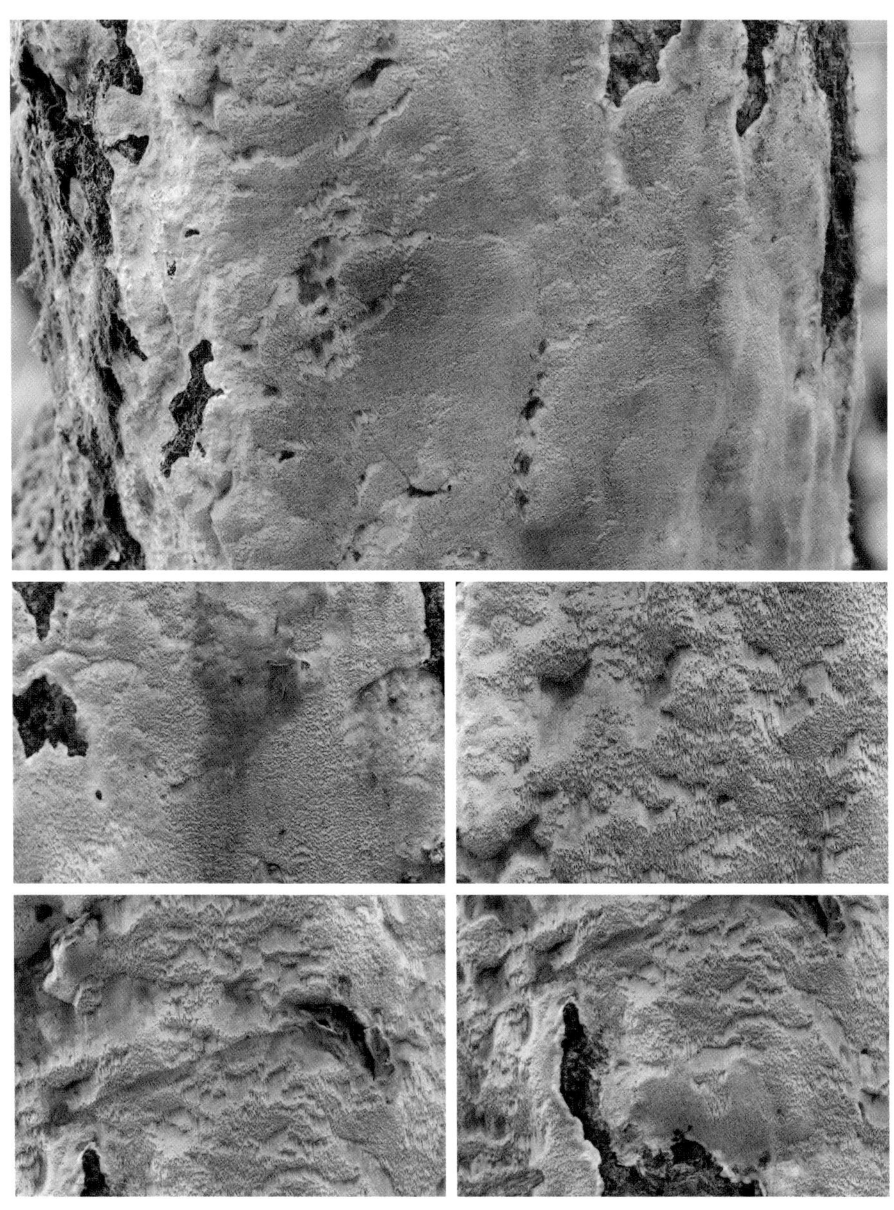

발생 연중 | 침엽수·활엽수 그루터기, 죽은 줄기 위

특징 배착생으로 자실층인 표면은 백색에서 연한 백황색~황색~연한 갈색으로 변해 가고 금속 같은 광택을 띠며, 가장자리에 미세한 털이 있다. 관공은 원형~다각형이며 간격이 매우 촘촘하다.

아까시흰구멍버섯 _아까시재목버섯

구멍장이버섯과

Perenniporia fraxinea (Bull.) Ryv.

발생 여름부터 가을까지 | 침엽수·활엽수 밑동, 죽은 나무 그루터기 위

특징 갓은 황색에서 황갈색~적갈색~흑갈색이 되고 불분명하게 파인 테 무늬를 만들며, 가장자리는 성장할 때 백황색을 띤다. 관공은 백황색에서 회백색으로 변해가며 간격이 매우 촘촘하다.

황금색흰구멍버섯

구멍장이버섯과

Perenniporia maackiae (Bondartsev & Ljub.) Parmasto

발생 여름부터 가을까지 | 활엽수 죽은 줄기나 가지 위

특징 배착생으로 가장자리는 둥근 모서리로 외부와 경계가 뚜렷하다. 자실층인 표면은 황금색의 관공으로 되어 있고 구멍은 원형~각형이며, 간격이 매우 촘촘하다. 조직은 황색으로 코르크질이다.

밀랍흰구멍버섯

구멍장이버섯과

Perenniporiopsis minutissima (Yasuda) C.L. Zhao

발생 여름부터 가을까지 | 활엽수 그루터기, 죽은 줄기 위

특징 갓은 연한 갈색에서 적갈색으로 변해가며 불규칙한 혹 모양의 돌기가 있어 고르지 않고, 가장자리는 성장할 때 백색이다. 갓 아랫면은 관공으로 백색이며, 구멍은 원형으로 간격이 촘촘하다.

검정대밤가죽버섯 _검정대구멍장이버섯

Picipes badius (Pers.) Zmitr. & Kovalenko

발생 여름부터 가을까지 | 활엽수 죽은 줄기나 가지 위

특징 갓은 황갈색, 밤갈색, 적갈색, 흑갈색이고 털이 없고 약간 광택이 있다. 성장하면 가장자리가 찢어지거나 물결 모양이 된다. 관공은 백색으로 간격이 매우 촘촘하다. 자루는 흑갈색으로 단단하다.

결절구멍장이버섯 _구멍장이버섯

구멍장이버섯과

Polyporus tuberaster (Jacq. ex Pers.) Fr.

발생 여름부터 가을까지 | 활엽수 죽은 줄기나 가지 위

특징 갓은 연한 황갈색 바탕에 갈색~적갈색의 크고 납작한 비늘 모양의 인편이 덮인다. 관공은 백색에서 연한 황색으로 변해가며, 구멍은 원형에서 불규칙한 타원형이 되고 간격이 성기다.

주걱간버섯 _간버섯

Pycnoporus coccineus (Jacq.) P. Karst

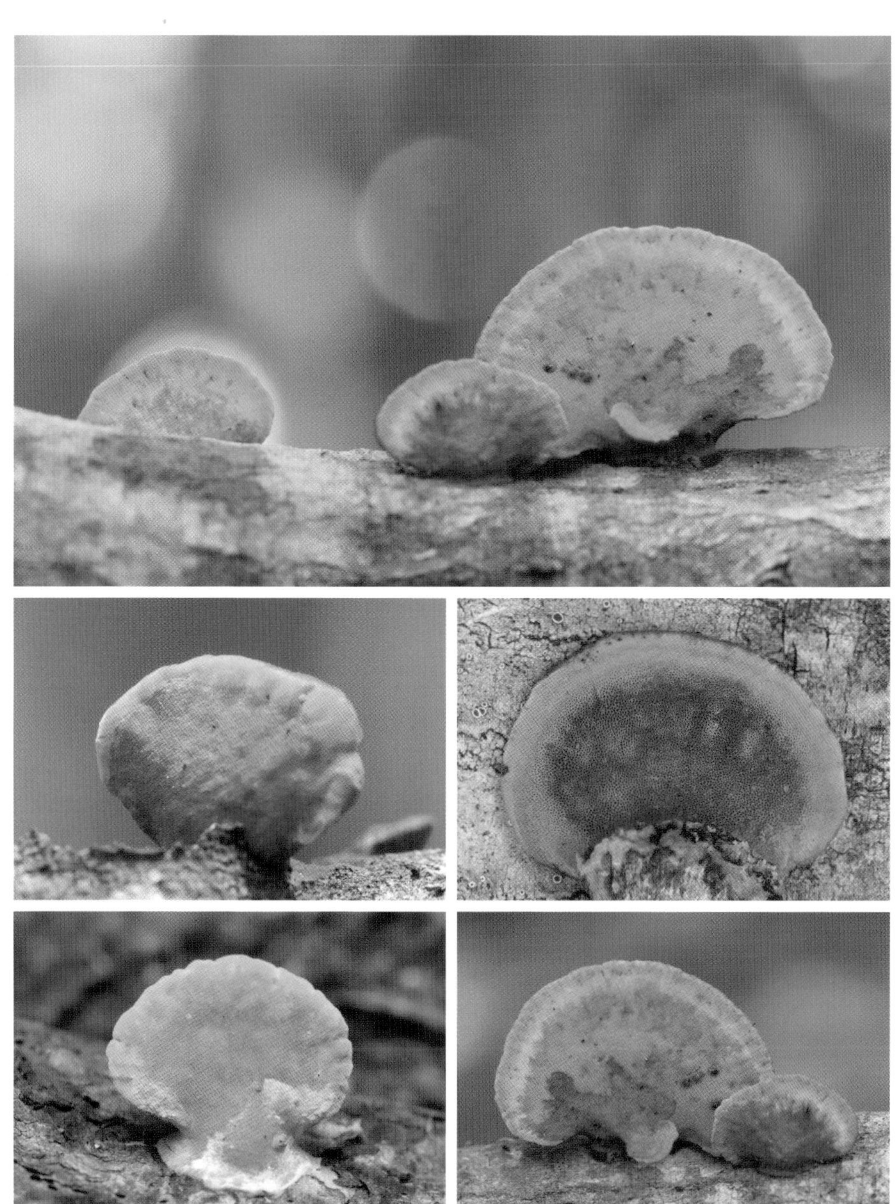

발생 봄부터 가을까지 | 활엽수 죽은 줄기나 가지 위

특징 갓은 반원, 부채 모양으로 밝은 적색에서 탁한 적색을 거쳐 오래되면 탁한 갈색이나 허옇게 변한다. 관공은 짙은 주홍색이고, 구멍은 원형에서 다각형으로 변해가며 간격이 촘촘하다.

흰각질구멍버섯

구멍장이버섯과

Skeletocutis nivea (Jungh.) Jean Keller

발생 여름부터 가을까지 | 활엽수(침엽수) 죽은 줄기나 가지 위

특징 반배착생으로 선반 모양, 울타리 모양이고 갓은 백색에서 어두운 갈색으로 변해가며 약간 울퉁불퉁하다. 관공은 백색에서 크림색이 되고, 구멍은 원형으로 간격이 매우 촘촘하다.

간송편버섯 _간버섯

Trametes coccinea (Fr.) Hai J. Li & S.H. He

발생 봄부터 가을까지 | 활엽수(드물게 침엽수) 죽은 줄기나 가지 위

특징 갓은 반원, 부채 모양으로 주홍색이고 연한 주황색의 불분명한 테 무늬가 있으며 질긴 가죽 같은 질감이다. 관공은 주홍색~짙은 적색이고 간격이 매우 촘촘하다. 자루는 없다.

구름송편버섯 _운지

구멍장이버섯과

Trametes versicolor (L.) Lloyd

발생 여름부터 가을까지 | 침엽수·활엽수 그루터기, 죽은 줄기 위

특징 갓은 회색, 황토갈색, 흑갈색, 흑회색으로 좁은 테 무늬를 만들고 벨벳같이 짧은 털이 덮여 있다. 관공은 백색에서 탁한 황색이나 회갈색으로 변해가며 구멍은 원형으로, 간격이 매우 촘촘하다.

대합송편버섯

Trametes gibbosa (Pers.) Fr.

발생 연중 | 활엽수 그루터기, 죽은 줄기나 가지 위

특징 갓은 백색에서 연한 황토색~회백색을 띠다가 녹조류가 번식해 녹색을 띠기도 하고 요철이 있으며, 홈이 있는 둥그런 테 무늬가 있다. 관공은 백색으로 구멍이 방사상으로 길거나 미로 모양이다.

메꽃송편버섯 _메꽃버섯붙이

구멍장이버섯과

Trametes vernicipes (Berk.) Zmitr., Wasser & Ezhov

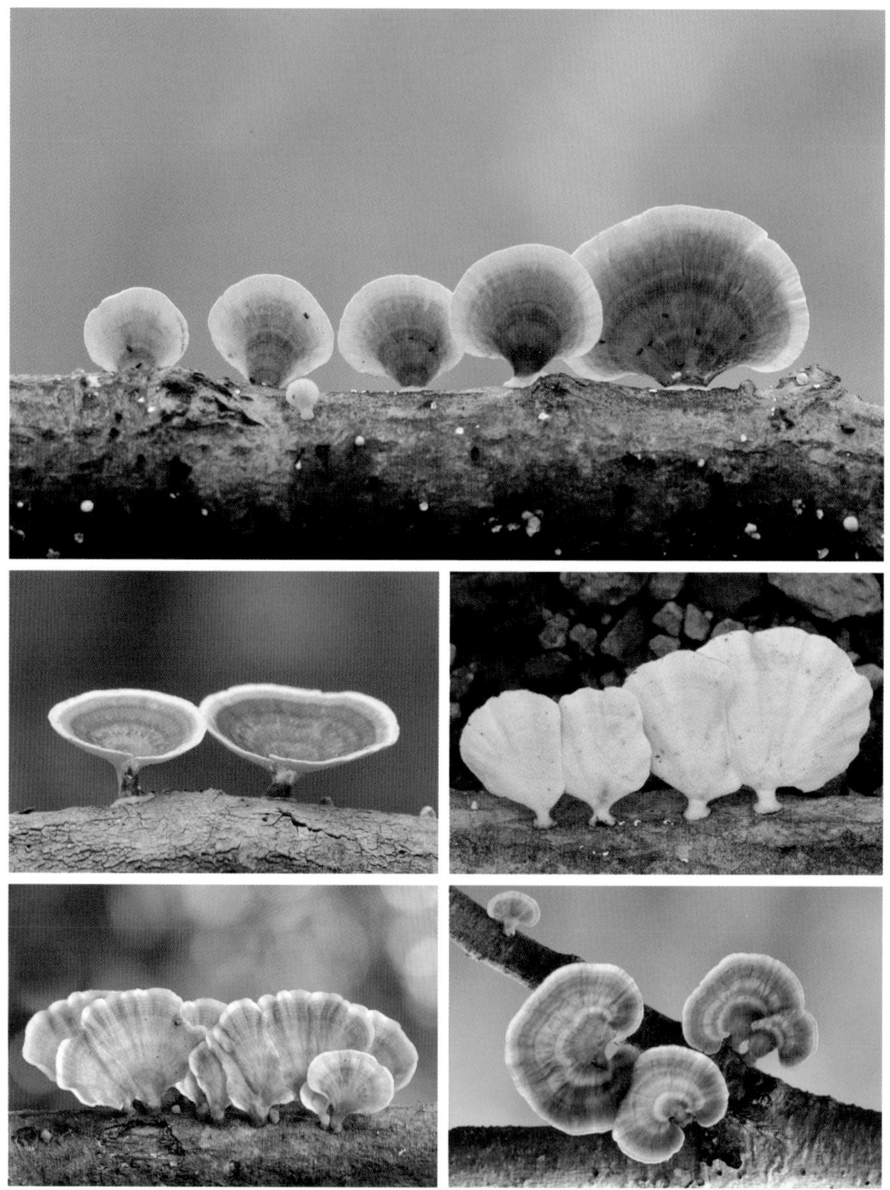

발생 여름부터 가을까지 | 활엽수 죽은 줄기나 가지 위

특징 갓은 연한 황색에서 갈색을 거쳐 옅은 회갈색~회백색으로 변해가며 희미한 테무늬가 있고, 가장자리는 백색으로 날카롭다. 관공은 백색에서 연한 황색으로 변해간다. 기부는 원반 모양으로 붙는다.

흰구름송편버섯

Trametes hirsuta (Wulf.) Lloyd

발생 연중 | 활엽수(드물게 침엽수) 죽은 줄기나 가지 위

특징 갓은 백색, 백황색, 회백색, 연한 황갈색이고 거친 털과 부드러운 털이 교대로 테 무늬와 골을 만든다. 관공은 백색에서 황갈색, 연한 자갈색으로 변해가며 간격이 촘촘하다. 자루는 없다.

기와옷솔버섯

구멍장이버섯과

Trichaptum fuscoviolaceum (Ehrenb.) Ryvarden

발생 여름부터 가을까지 | 침엽수 · 활엽수 그루터기, 죽은 줄기 위

특징 반배착생으로 반원, 선반 모양이다. 갓은 탁한 백색, 회백색, 회색을 띠며 희미한 테 무늬가 있고 거친 털로 덮여 있다. 관공은 자주색에서 적갈색, 회갈색으로 변해가며 간격이 촘촘하다.

소나무옷솔버섯 _옷솔버섯

Trichaptum abietinum (Pers. ex J.F. Gmel.) Ryvarden

발생 여름부터 가을까지 | 침엽수(소나무속, 가문비나무속) 줄기 위

특징 반배착생으로 갓은 허연색, 회백색, 보라색이 가미된 연한 갈색으로 희미한 테 무늬가 있고, 짧은 털이 덮여 있다. 관공은 자주색에서 자갈색~황갈색으로 변해가며 간격이 촘촘하다.

장미자색구멍버섯

구멍장이버섯과

Truncospora roseoalba (Jungh.) Zmitr.

발생 여름부터 가을까지 | 활엽수(참나무) 죽은 줄기나 가지 위

특징 갓은 연한 회갈색에서 짙은 자갈색을 거쳐 회흑색으로 변해간다. 관공은 분홍색이 가미된 포도주색에서 적갈색으로 변해가며 간격이 매우 촘촘하다. 상처가 나면 진한 자갈색으로 변한다.

명아주개떡버섯

Tyromyces sambuceus (Lloyd) Imaz.

발생 초여름 | 활엽수(밤나무 등) 그루터기, 죽은 줄기 위

특징 갓은 반원, 부채 모양으로 밝은 주황색에서 백색~연한 갈색으로 변해가며 주름과 요철이 생긴다. 관공은 백색에서 백황색이 되고, 간격이 매우 촘촘하다.

판상꽃송이버섯

꽃송이버섯과

Sparassis laminosa Fr.

발생 여름부터 가을까지 | 침엽수(소나무) 뿌리, 밑동, 그루터기 땅 위

특징 자실체는 전체가 오글오글한 미역 머리 모양 또는 꽃잎 모양이다. 뿌리 모양의 가지가 여러 번번 나눠지며 각 가지에서 구불구불한 꽃잎 모양을 형성한다. 표면은 크림색, 밀짚 색 또는 연한 황토색이다.

불로초 _영지

Ganoderma lucidum (Curt.) P. Karst.

발생 여름부터 가을까지 | 활엽수 밑동이나 그루터기 위

특징 어릴 때 백황색의 막대 모양에서 갓을 형성한다. 갓 표면은 갈색~적갈색으로 변해가며 광택이 나는 각피로 되어 있고, 둥글게 파인 테 무늬가 있다. 아랫면은 관공으로 매우 촘촘하다.

자흑색불로초 _자흙색불로초

Ganoderma neo-japonicum Imazeki.

발생 여름부터 가을까지 | 침엽수 밑동, 그루터기 위

특징 갓은 적갈색에서 자갈색이 되며 불규칙한 둥근 테 무늬가 있고 윤기가 난다. 관공은 탁한 백색에서 적갈색으로 변해가고 구멍은 원형이며, 간격이 매우 촘촘하다. 자루는 갓과 같은 색이다.

잔나비불로초

Ganoderma applanatum (Pers.) Pat.

발생 연중 | 활엽수 죽은 그루터기나 줄기, 살아 있는 나무 위

특징 갓은 옅은 갈색에서 적갈색~회백색~회갈색으로 변하고, 홈이 있는 테 무늬가 있다. 관공은 백색에서 백황색이 되고, 미세한 원형으로 간격이 매우 촘촘하다. 상처가 나면 커피색으로 변한다.

흰둘레줄버섯

아교버섯과

Bjerkandera fumosa (Pers.) P. Karst.

발생 봄, 가을부터 초겨울까지 | 활엽수 그루터기나 죽은 줄기 위

특징 갓은 다른 개체와 합쳐져 기와 모양이 되고 백색에서 점차 갈색 기가 더해지며, 가장자리는 백색이다. 관공은 백색에서 회색으로 변해가며, 간격이 매우 촘촘하다. 마르면 질긴 코르크질이 된다.

갈무른구멍장이버섯 _가죽아교버섯

아교버섯과

Gloeoporus taxicola (Pers.) Gilb. & Ryvarden1

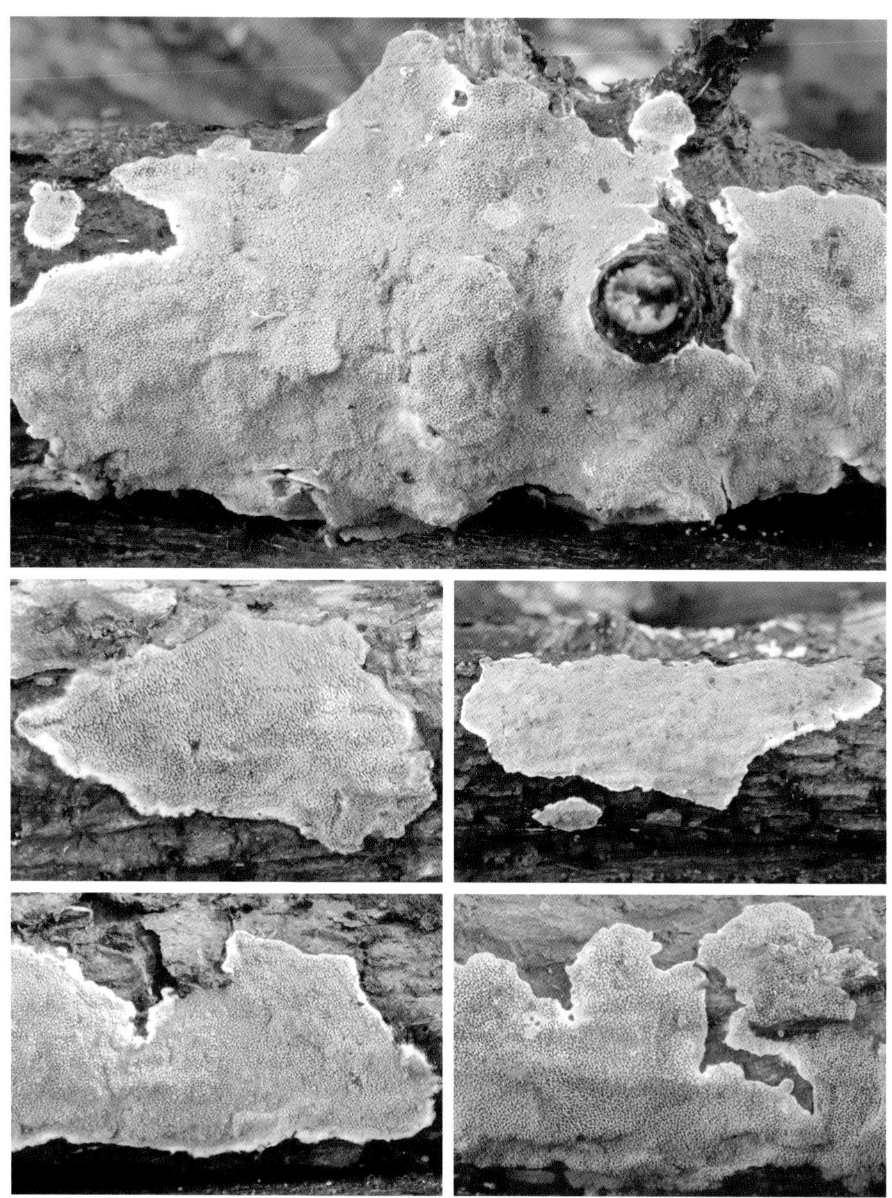

발생 여름부터 겨울까지 | 침엽수 죽은 줄기나 가지 위

특징 배착생으로 자실층인 표면은 어릴 때 오렌지빛 황토색에서 적갈색~암적갈색으로 변해가며, 가장자리는 흰색으로 벨벳 같은 질감이고 외부와 경계가 뚜렷하다. 관공은 불규칙적인 원형이다.

기계층버섯

아교버섯과

Irpex lacteus (Fr.) Fr.

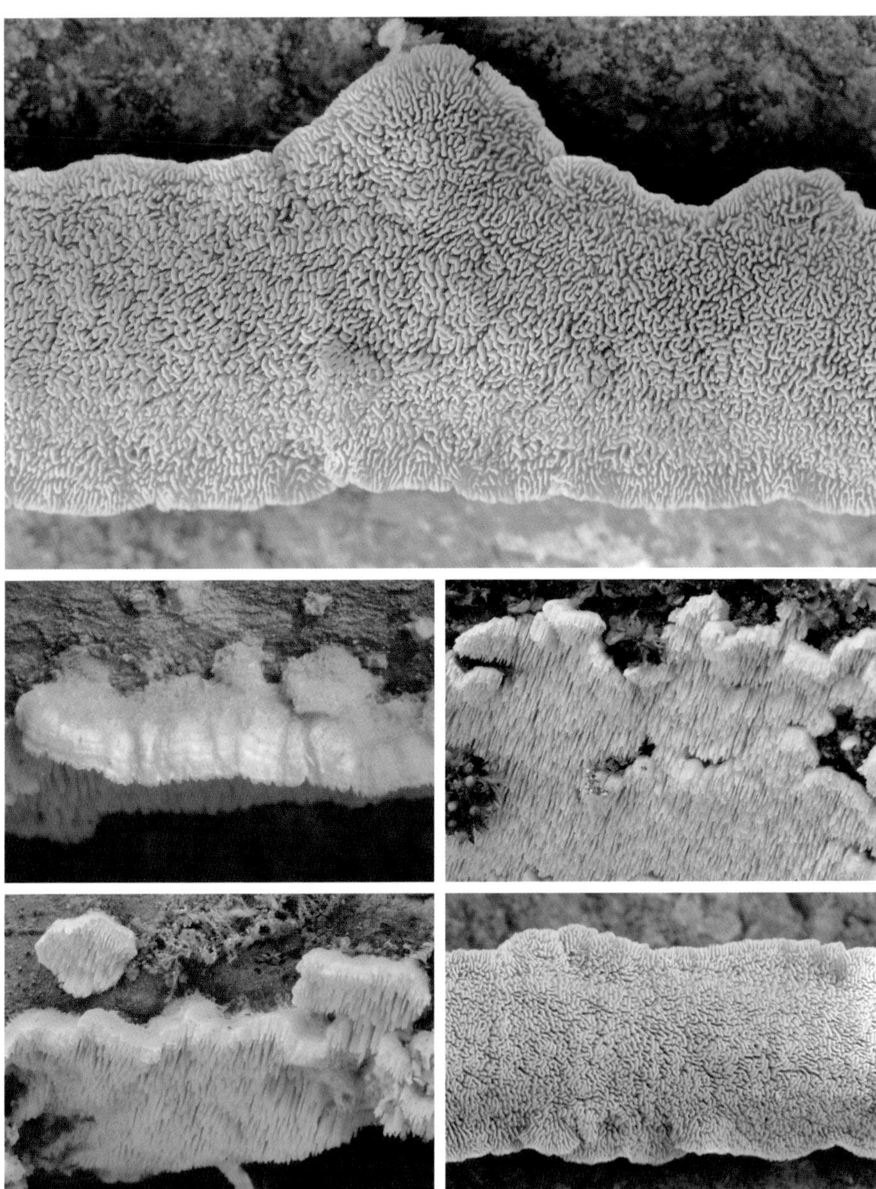

발생 연중 | 활엽수 그루터기, 죽은 줄기나 가지 위

특징 갓은 백색의 솜털로 덮여 있고, 가장자리는 날카롭고 약간 안쪽으로 말려 있다. 자실층인 아랫면은 백색에서 옅은 황갈색으로 변해가며, 이빨 모양의 돌기로 되어 있고 간격이 촘촘하다.

송곳니기계충버섯 _송곳니털구름버섯

아교버섯과

Irpex consor Berk.

발생 여름부터 가을까지 | 활엽수 그루터기나 죽은 줄기 위

특징 갓은 크림색에서 살구색을 거쳐 적갈색이 되고 희미한 테 무늬가 있으며, 가장자리가 날카롭고 약간 톱니 모양이다. 아랫면은 크림색으로 이빨 모양의 돌기가 있고, 간격이 촘촘하다.

동심바늘버섯

아교버섯과

Metuloidea murashkinskyi (Burt) Miettinen & Spirin

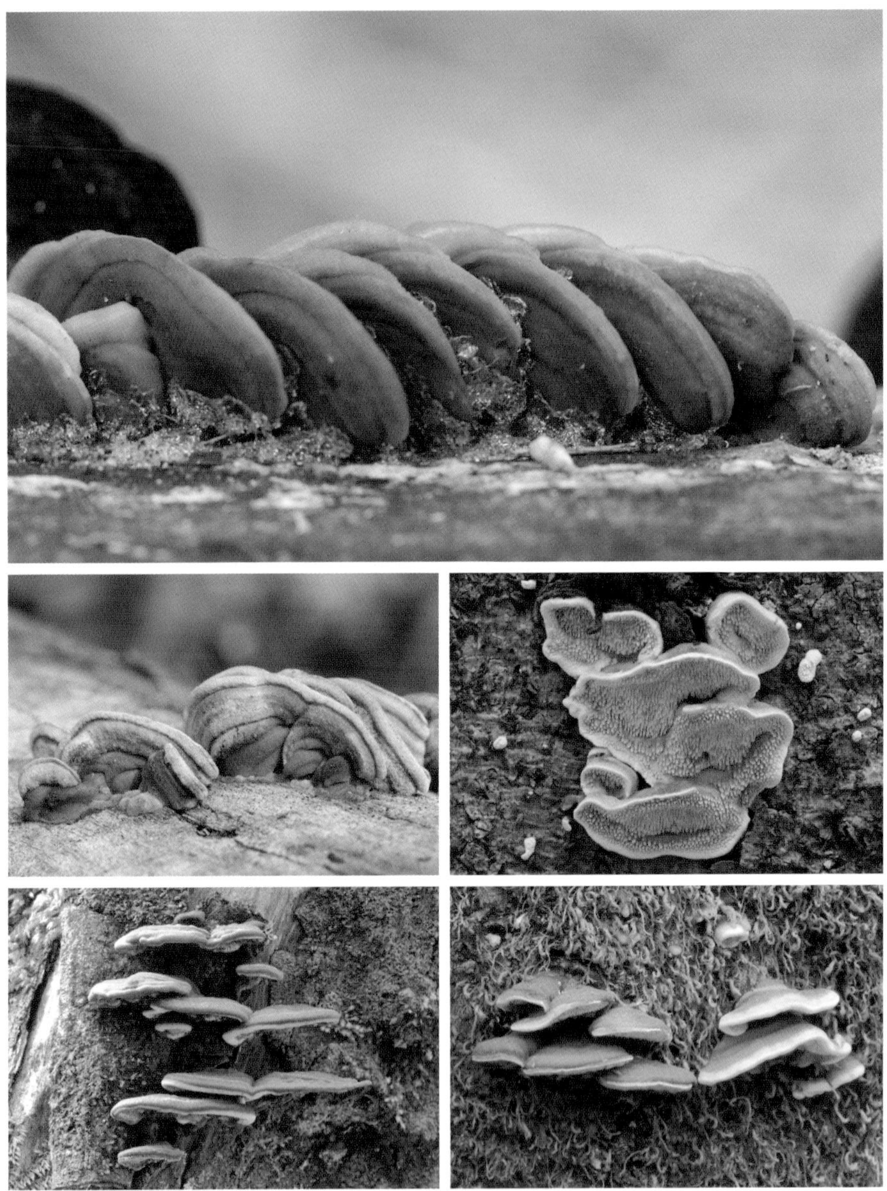

발생 봄부터 가을까지 | 활엽수의 죽은 줄기나 가지 위

특징 갓은 매끄럽거나 벨벳 같은 질감으로 연한 오렌지 갈색에서 적갈색~탁한 황갈색으로 변해가며, 진하고 뚜렷한 테 무늬가 있다. 아랫면은 연한 황갈색에서 진한 갈색이 되고 침 모양이다.

침버섯 _긴침버섯

Mycoleptodonoides aitchisonii (Berk.) Maas Geest

발생 여름부터 가을까지 | 활엽수 죽은 줄기 위

특징 갓은 부채꼴~주걱 모양으로 여러 개가 중첩하여 발생하며, 황색 기가 있는 백색이다. 자실층인 아랫면은 백색에서 건조하면 담황색~진한 오렌지색이 되고, 날카로운 바늘 모양이다.

황금고약버섯 _황금아교고약버섯

아교버섯과

Crustodontia chrysocreas (Berk. & M.A. Curtis) Hjortstam & Ryv.

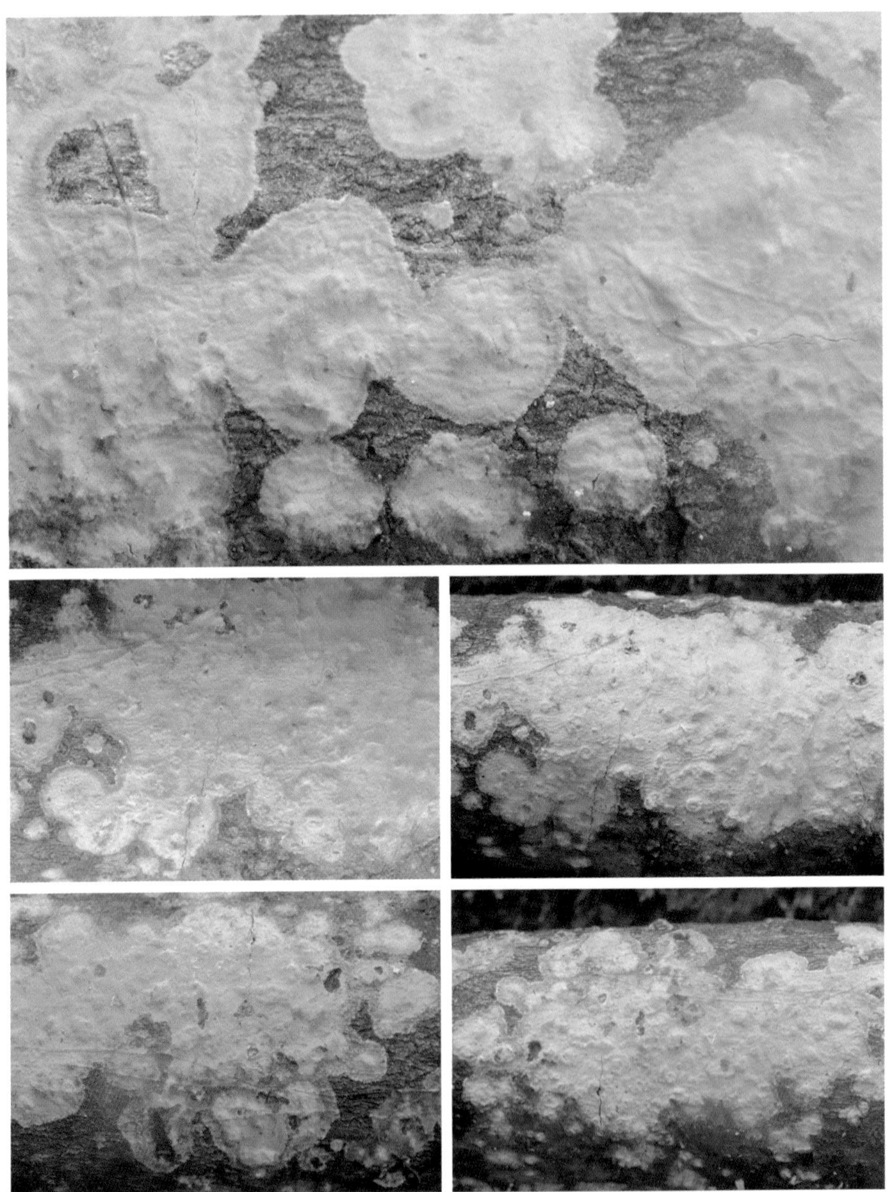

발생 여름부터 가을까지 | 활엽수 그루터기, 죽은 줄기나 가지 위

특징 배착생으로 나무껍질 위에 다른 개체와 합쳐지며 넓게 퍼져 나가며 잘 벗겨지지 않는다. 표면은 달걀 노른자색 또는 밝은 황색으로 매끄러우나, 때로는 사마귀 같은 돌기가 붙어 있다.

가는아교고약버섯

Phlebia rufa (Fr.) Christ.

발생 봄부터 가을까지 | 활엽수 죽은 줄기나 가지 위

특징 배착생으로 표면은 백색에서 백황색~옅은 황갈색을 거쳐 적갈색이 되고 많은 주름이 교차하며, 오래되면 울퉁불퉁해진다. 가장자리는 백색이고 외부와 경계가 비교적 뚜렷하다.

아교고약버섯 _방사선아교고약버섯

아교버섯과

Phlebia radiata Fr.

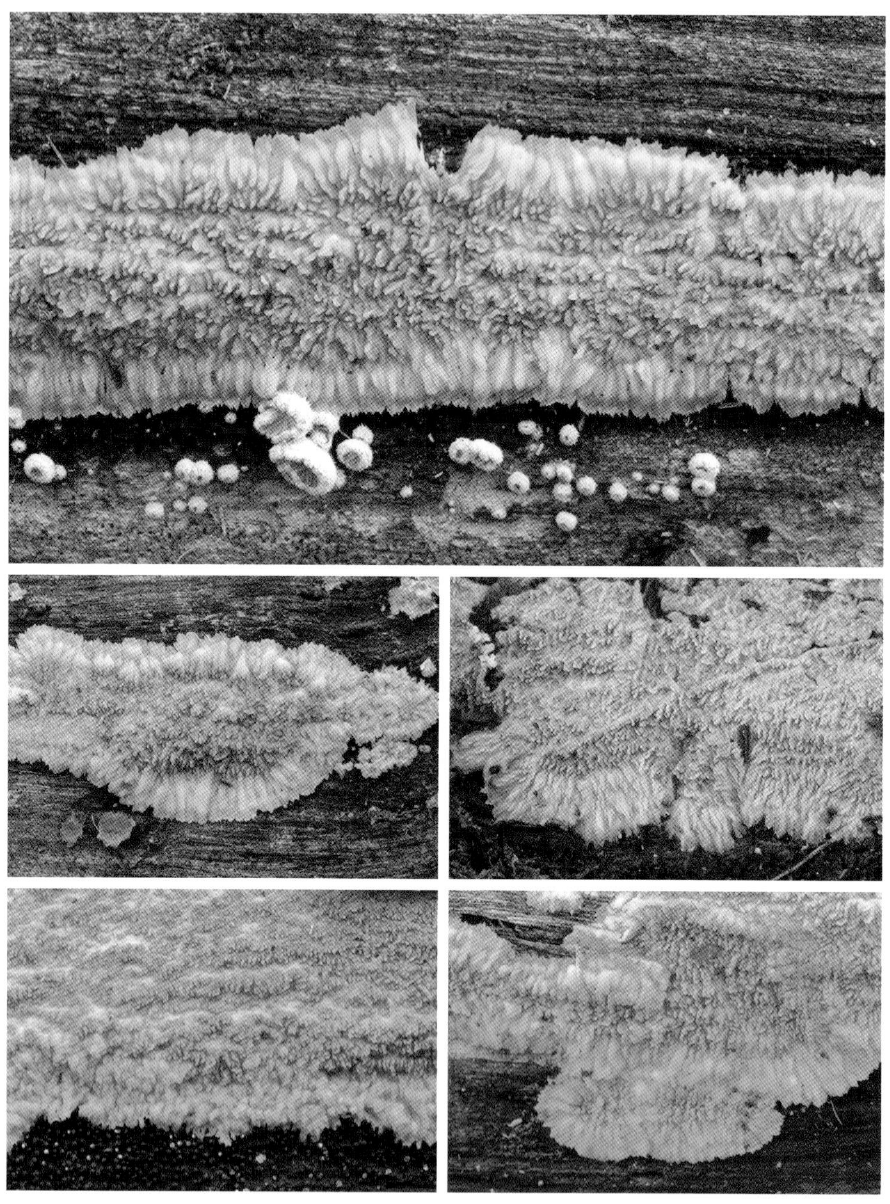

발생 봄부터 가을까지 | 활엽수(드물게 침엽수) 죽은 줄기 위

특징 배착생으로 표면은 연한 오렌지색, 오렌지 적색, 분홍 회색, 황토 황색, 자회색 등 색깔이 다양하다. 방사상으로 골이 있고 결절이 있다. 나중에 사마귀 모양이 덮여 있거나 서로 겹친 모양이 된다.

아교버섯

Phlebia tremellosa (Schrad.) Nakasone & Burds.

발생 여름부터 가을까지 | 침엽수 · 활엽수 썩은 줄기 위

특징 반배착생으로 갓은 백색에서 백황색이 되는 털로 덮여 있다. 자실층인 아랫면은 옅은 황색에서 오렌지빛 분홍색~오렌지 갈색으로 변해가고, 불규칙하게 주름져 독특한 무늬를 나타낸다.

포낭버섯

아교버섯과

Physisporinus vitreus (Pers.) P. Karst.

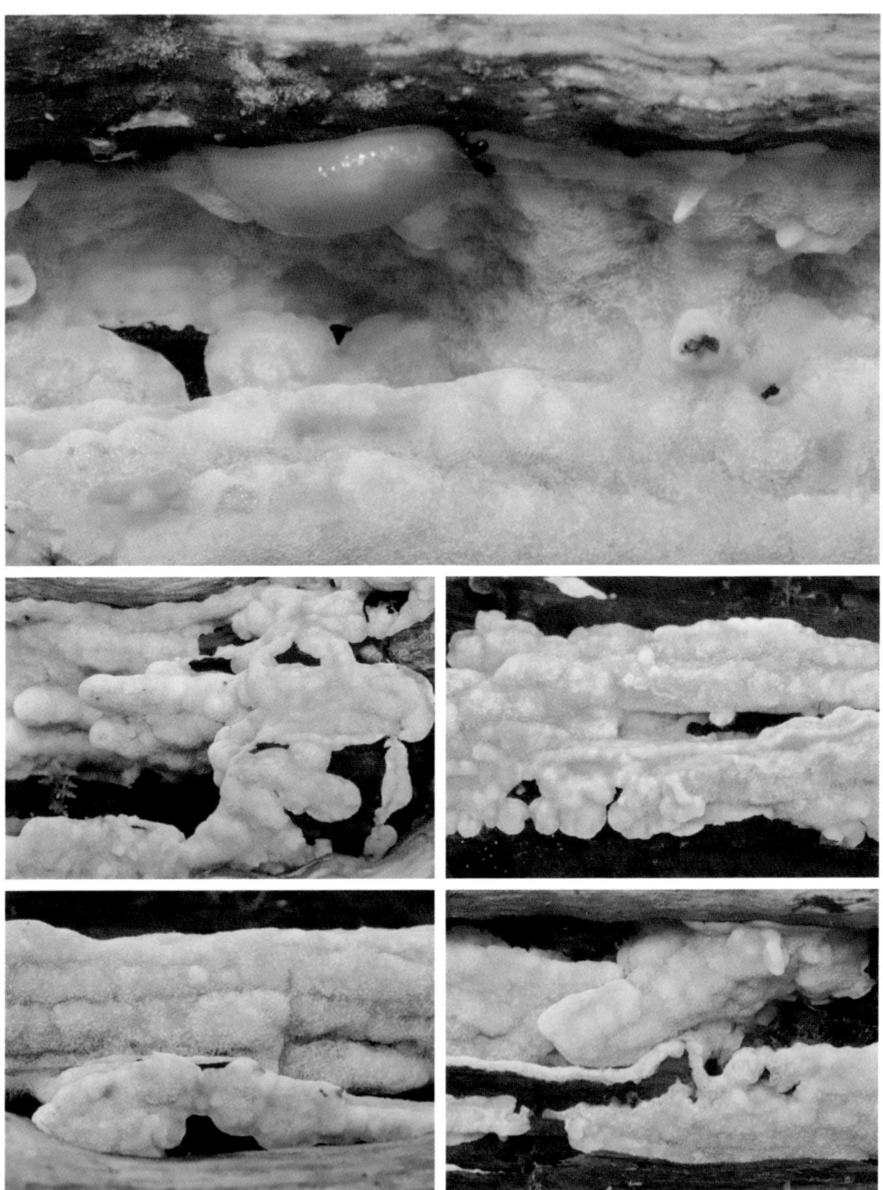

발생 여름부터 가을까지 | 침엽수·활엽수 썩은 그루터기나 줄기 위

특징 배착생으로 표면은 크림 백색에서 황토색으로 변해간다. 관공은 원형이지만 가장자리 쪽으로 다소 가늘고 긴 구멍이 되며, 간격이 매우 촘촘하다. 때때로 갈색을 띠는 부분이 있다.

긴송곳버섯

Radulodon copelandii (Pat.) Maek

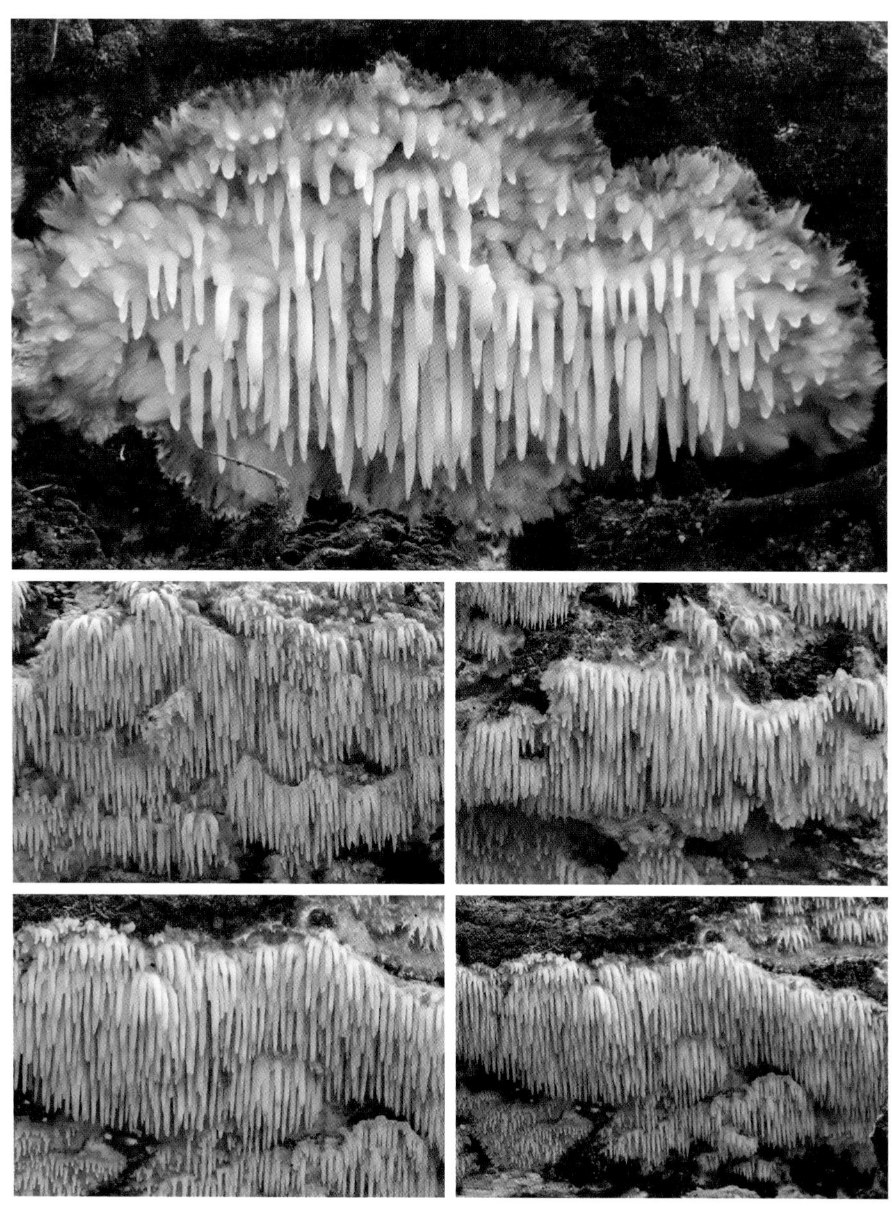

발생 여름부터 가을까지 | 침엽수·활엽수 죽은 줄기 위

특징 배착생으로 표면은 백색에서 크림색을 거쳐 옅은 갈색~진한 갈색이 되고, 침 모양의 돌기가 고드름 모양으로 촘촘하게 붙어 있다. 가장자리는 기주와 밀착하며, 밋밋하고 돌기가 없다.

바늘버섯 _솔바늘버섯

Steccherinum ochraceum (Pers.) Gray

발생 봄부터 가을까지 | 활엽수 죽은 줄기나 가지 위

특징 반배착생으로 갓은 반원, 조개껍데기 모양이며 백색, 백황색으로 짧고 거친 털이 덮여 있고 희미한 테 무늬가 있다. 자실층인 아랫면은 밝은 황색으로 침 모양이며, 간격이 촘촘하다.

잎새버섯

왕잎새버섯과

Grifola frondosa (Dicks.) Gray

발생 가을 | 활엽수, 살아 있는 나무의 밑동이나 그루터기 위

특징 여러 개의 가지 위에 갓이 중첩되어 발생한다. 갓은 흑색에서 흑갈색을 거쳐 회갈색으로 변해가고 오래되면 거의 백색에 가깝고, 방사상의 섬유 무늬가 있다. 관공은 백색이며 간격이 약간 촘촘하다.

편심구멍버섯 _부채주걱버섯

왕잎새버섯과

Loweomyces fractipes (Berk. & M.A. Curtis) Jülich

발생 여름부터 가을까지 | 활엽수 그루터기, 죽은 줄기 위

특징 갓은 자루 끝에서 한쪽으로 치우쳐 자라며, 연한 크림색에서 오래되면 색이 좀 더 짙어진다. 자실층인 아랫면은 관공으로 백색에서 크림색이 되고, 간격이 촘촘하다. 자루는 매끄럽다.

유색고약버섯

Phanerochaete sordida (P. Karst.) Erikss. & Ryv.

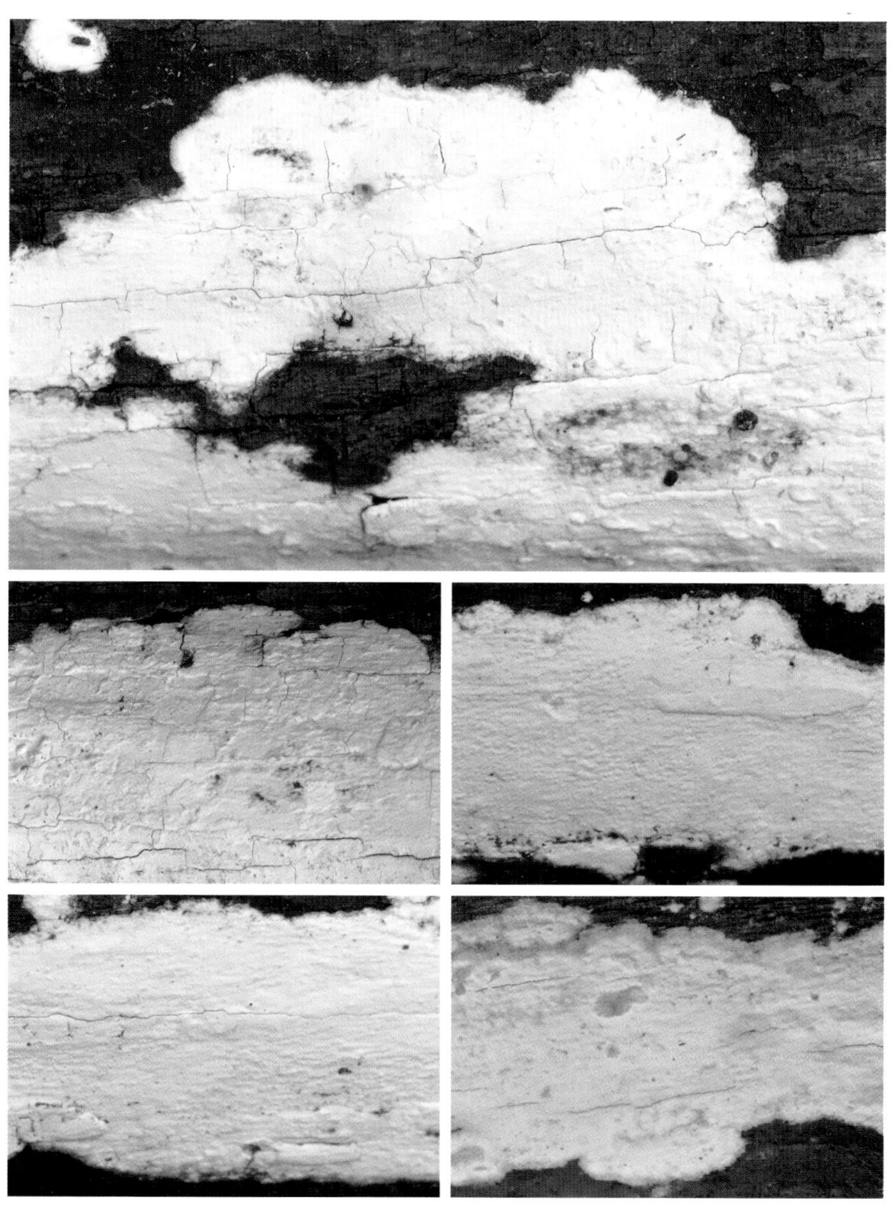

발생 연중 | 활엽수(드물게 침엽수) 목재나 줄기 위

특징 배착생으로 표면은 허연 크림색에서 황토색으로 되고 평평하고 미끄러우며 털이 덮여 있고 기주에 얇고 느슨하게 붙어 있다. 가장자리는 미세한 가루 또는 실 모양이다. 건조할 때는 다소 갈라진다.

밤털구멍버섯

유색고약버섯과

Phlebiopsis castanea (Lloyd) Miettinen & Spirin

발생 연중 | 침엽수(소나무) 죽은 줄기나 가지 위

특징 배착생으로 갓을 만들지 않고 소나무 표면에 넓게 퍼져 나간다. 표면은 불규칙한 그물눈 모양이고 황갈색에서 밤색으로 변해가며, 구멍을 싸는 벽은 이빨 모양이고 간격이 약간 성기다.

보라털방석버섯 _보라종이비늘버섯

Phlebiopsis crassa (Lev.) Floudas & Hibbett

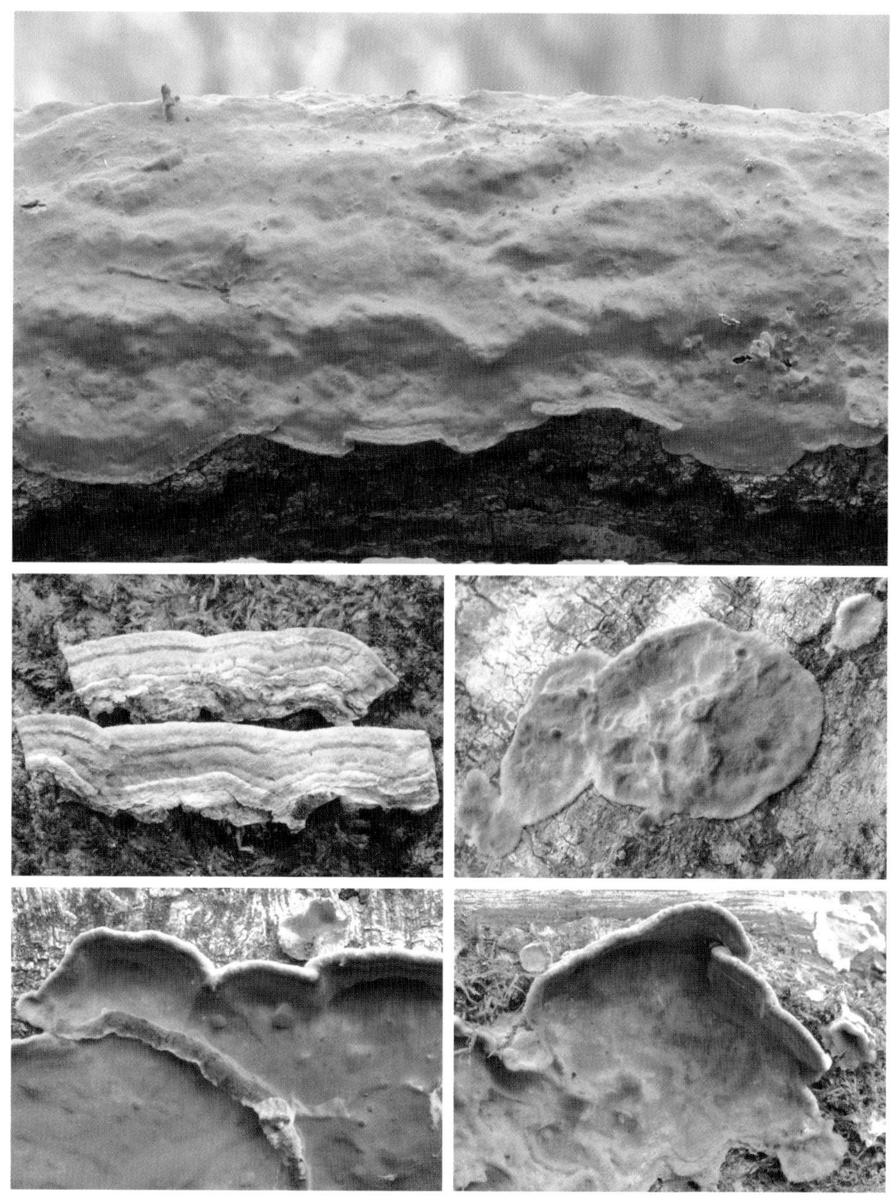

발생 봄부터 가을까지 | 활엽수 죽은 줄기 위

특징 반배착생으로 갓은 옅은 황갈색에서 갈색이 되고, 짧은 털로 덮여 있다. 표면은 연한 보라색에서 자주색을 거쳐 점차 갈색으로 변해가며, 오래되면 회갈색이 되고 균열이 생긴다.

끈뿌리고약버섯 _끈유색고약버섯

유색고약버섯과

Rhizochaete filamentosa (Berk. & M. A. Curtis) Gresl.

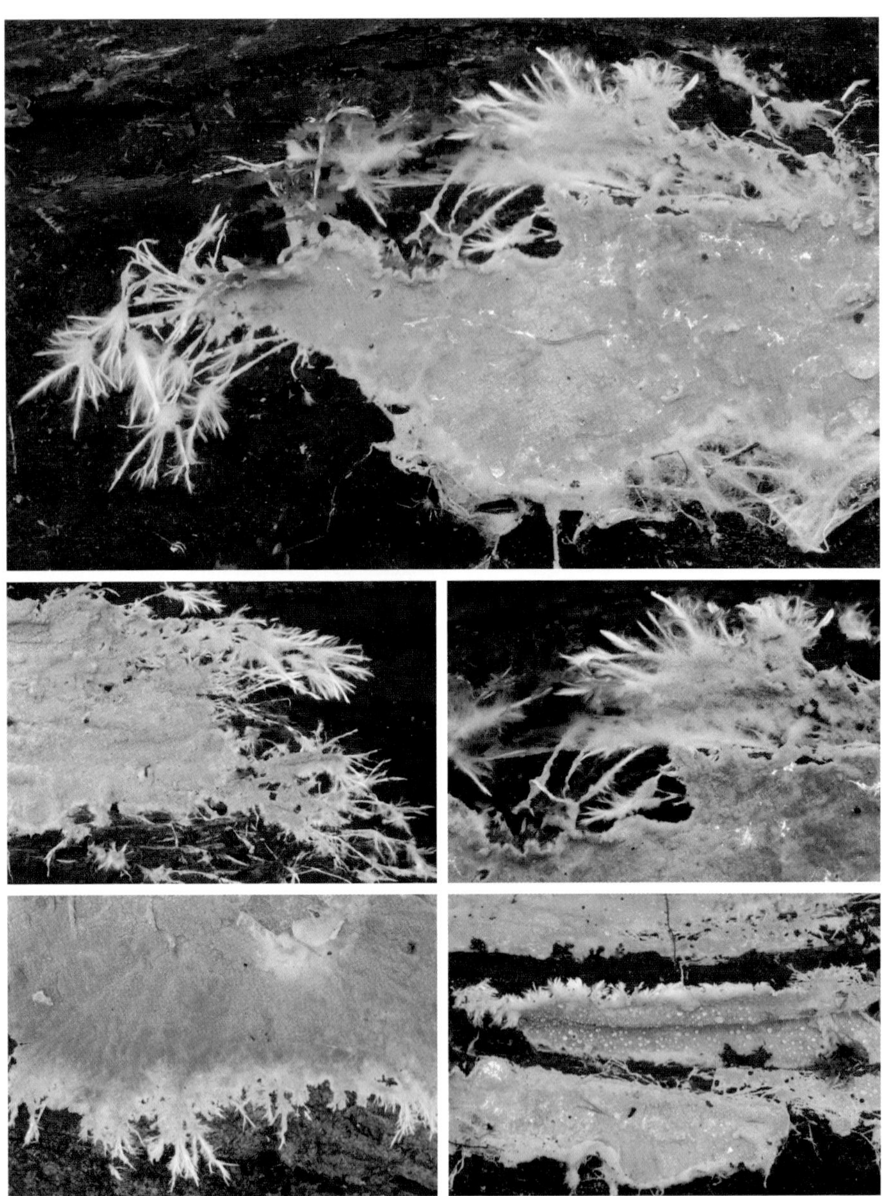

발생 연중 | 활엽수(드물게 침엽수) 죽은 줄기 위

특징 배착생으로 기주 위에 다소 느슨하게 붙어 넓게 퍼져 나간다. 표면은 크림색에서 황갈색~오렌지 갈색, 가운데는 자갈색으로 변해가고 미세한 털로 덮여 있다. 가장자리는 백색 깃털 모양이다.

청자색모피버섯

유색고약버섯과

Terena caerulea (Lam.) Kuntze

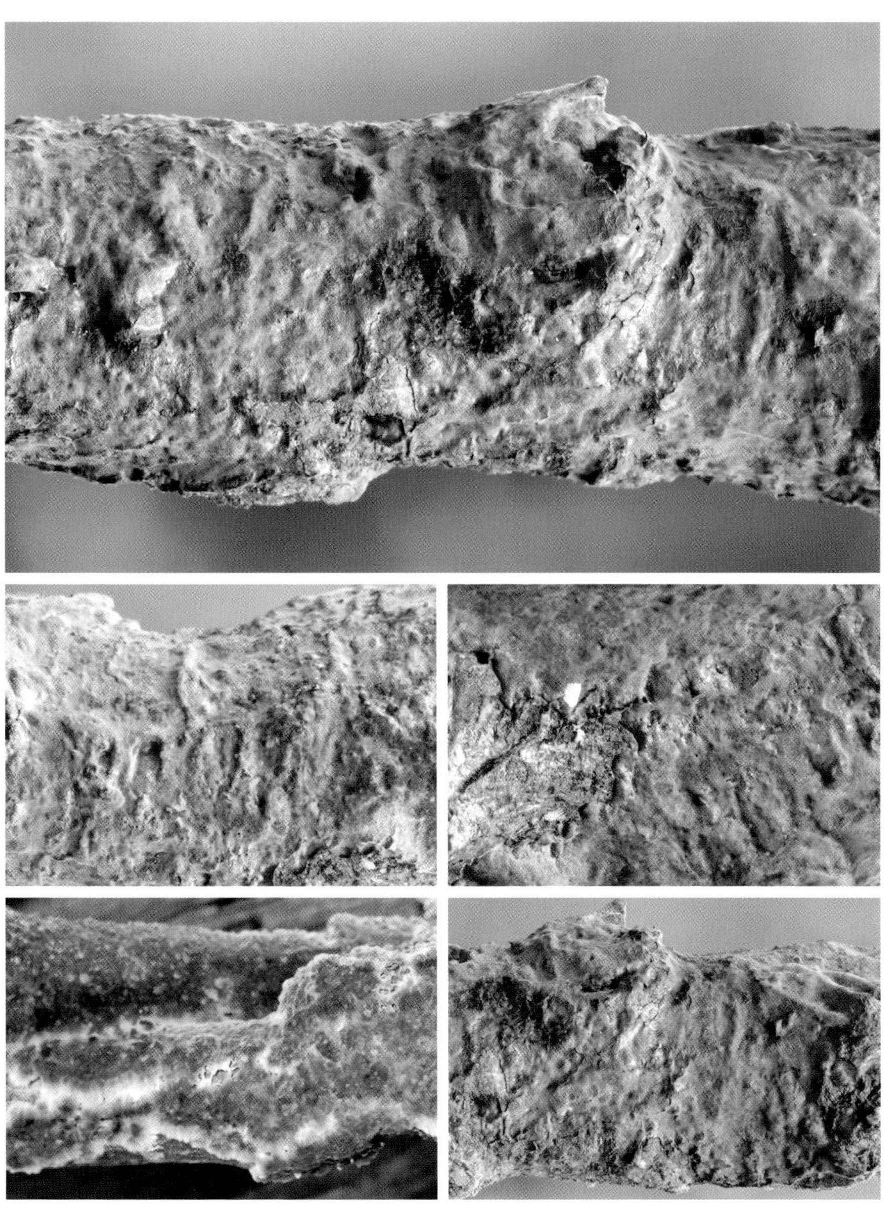

발생 봄부터 가을까지 | 활엽수 죽은 줄기나 가지 위

특징 배착생으로 다른 개체와 서로 합쳐지며 넓게 퍼져 나간다. 표면은 청자색에서 짙은 청자색으로 변해가고 모피 같은 질감이다. 살(조직)은 밀랍질이고, 마르면 페인트가 굳은 것 같은 느낌이다.

흰주름구멍버섯

잔나비버섯과

Antrodia albida (Fr.) Karst.

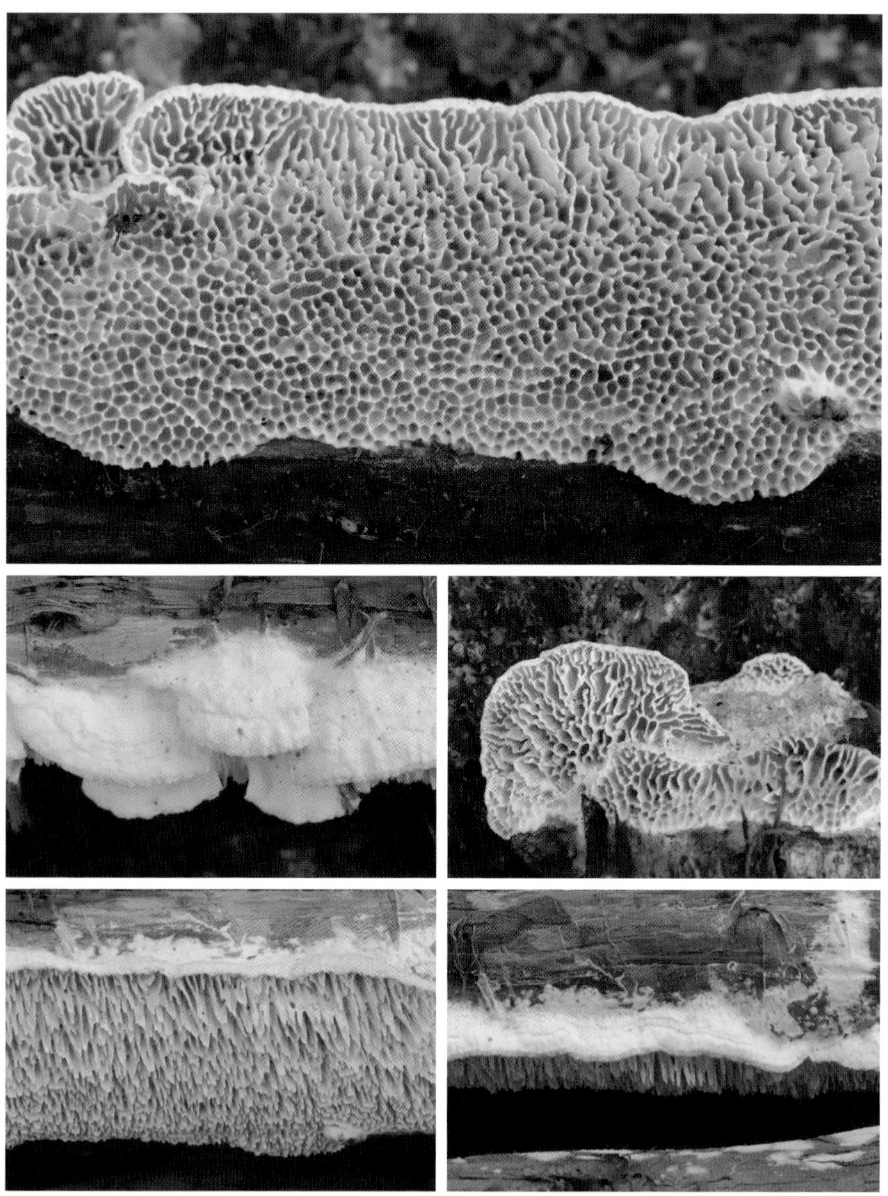

발생 연중 | 침엽수·활엽수 죽은 줄기 위

특징 반배착생으로 갓은 연결되어 선반 모양을 이룬다. 갓은 백색에서 회백색으로 변해가고 불분명한 테 무늬가 있다. 관공은 회백색에서 황갈색이 되고, 구멍은 미로 모양이며 매우 성기다.

큰후추고약버섯

Dacryobolus karstenii (Bres.) Oberw. ex Parmasto

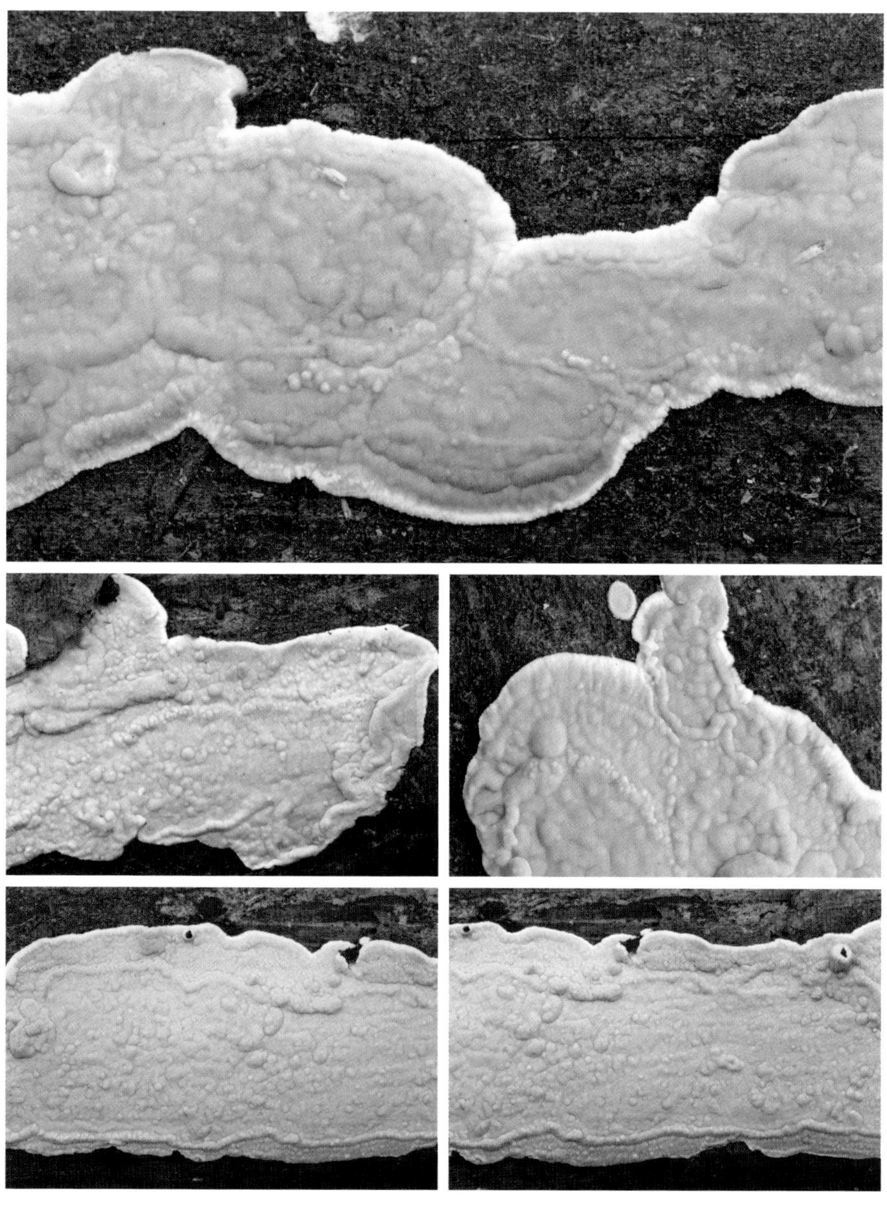

발생 연중 | 침엽수(소나무, 가문비나무) 줄기 껍질 벗겨진 부분

특징 배착생으로 융합되면서 넓게 퍼져 나간다. 표면은 평평하고 미끄럽거나 작은 사마귀모양 결절이 많이 돌출되고, 백색에서 크림색~황갈색으로 변해간다. 가장자리는 연한 색으로 얇게 퍼져 나간다.

등갈색미로버섯

잔나비버섯과

Daedalea dickinsii Yasuda

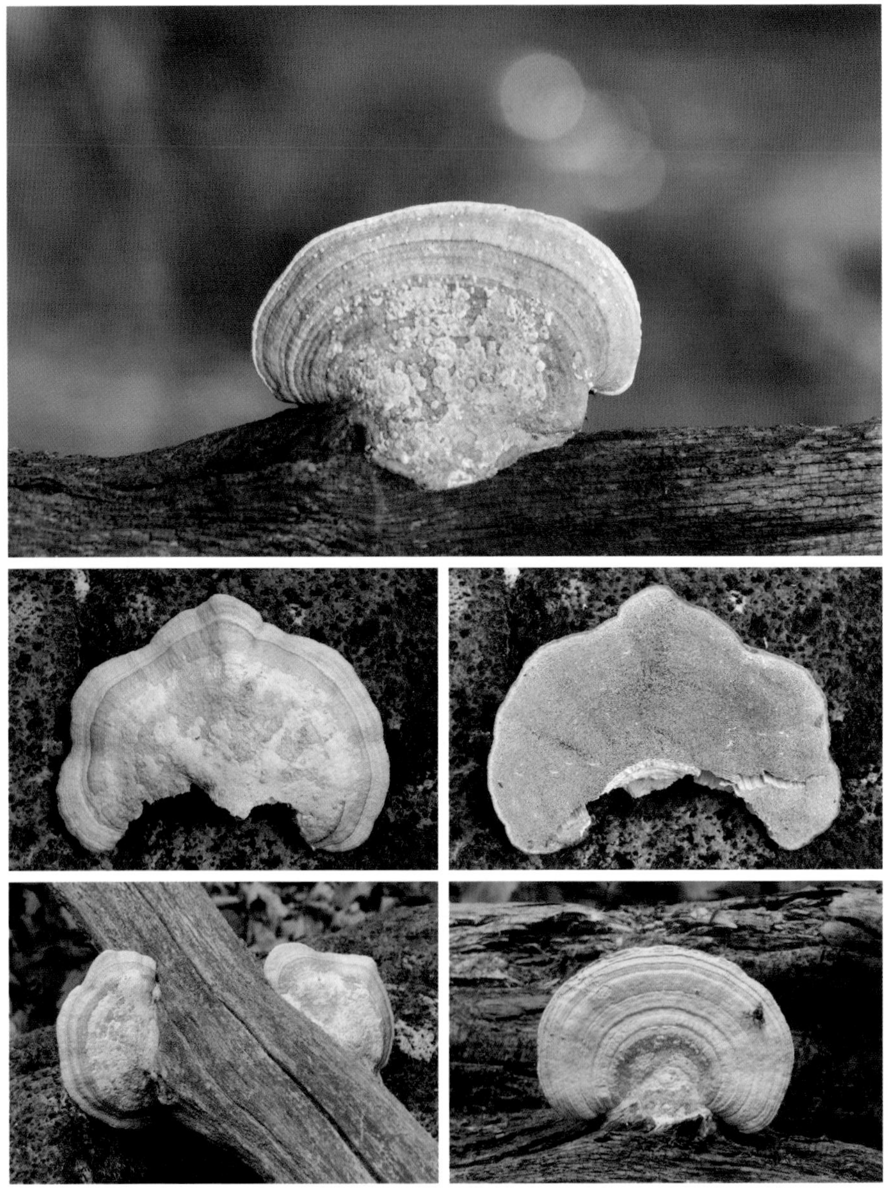

발생 봄부터 가을까지 | 활엽수 그루터기나 죽은 줄기 위

특징 갓은 옅은 갈색에 갈색 또는 암갈색으로 변하고 오래되면 황갈색~허연색이 된다. 관공은 백색에서 연한 갈색으로 변해가고, 구멍은 원형에서 오래되면 미로 모양이 되며 약간 촘촘하다.

덕다리버섯

Laetiporus sulphureus (Bull.) Murrill

발생 여름부터 가을까지 | 활엽수(밤나무, 참나무) 죽은 줄기 위

특징 하나의 기부에서 한 개 또는 다발 형태로 발생한다. 갓은 황색을 띠며 점차 바래서 탁한 백색~탁한 갈색이 되고 면은 굴곡져 있다. 관공은 밝은 황색으로 간격이 촘촘하다. 자루는 없다.

갈색꽃구름버섯

꽃구름버섯과

Stereum ostrea (Blume & Nees) Fr.

발생 연중 | 활엽수 그루터기, 죽은 줄기나 가지 위

특징 반배착생으로 갓은 회백색의 벨벳 같은 털이 있는 부분과 털이 거의 없는 갈색, 적갈색 부분이 교대로 테 무늬를 나타낸다. 아랫면은 백색, 회황백색, 연한 다갈색이며, 대체로 평평하고 미끄럽다.

유혈꽃구름버섯

Stereum sanguinolentum (Alb. & Schwein.) Fr.

발생 연중 | 침엽수(소나무, 전나무, 낙엽송 등) 죽은 줄기 위

특징 반배착생으로 갓은 적갈색에서 가장자리로 갈수록 황갈색이 되고 연한 회색, 회백색의 테 무늬가 있다. 아랫면은 회황색에서 회백색으로 변해간다. 상처가 나면 붉은색의 액체를 분비한다.

너털거북꽃구름버섯

꽃구름버섯과

Xylobolus spectabilis (Klotz.) Boidin

발생 연중 | 활엽수 죽은 줄기나 가지 위

특징 갓은 황갈색에서 적갈색으로 변해가고 황갈색과 적갈색의 테 무늬가 있다. 갓 가장자리 방향으로 고랑이 생기고 가장자리는 미세하게 갈라진다. 아랫면은 연한 황색에서 황갈색으로 변해간다.

거북꽃구름버섯

꽃구름버섯과

Xylobolus frustulatus (Pers.) P. Karst.

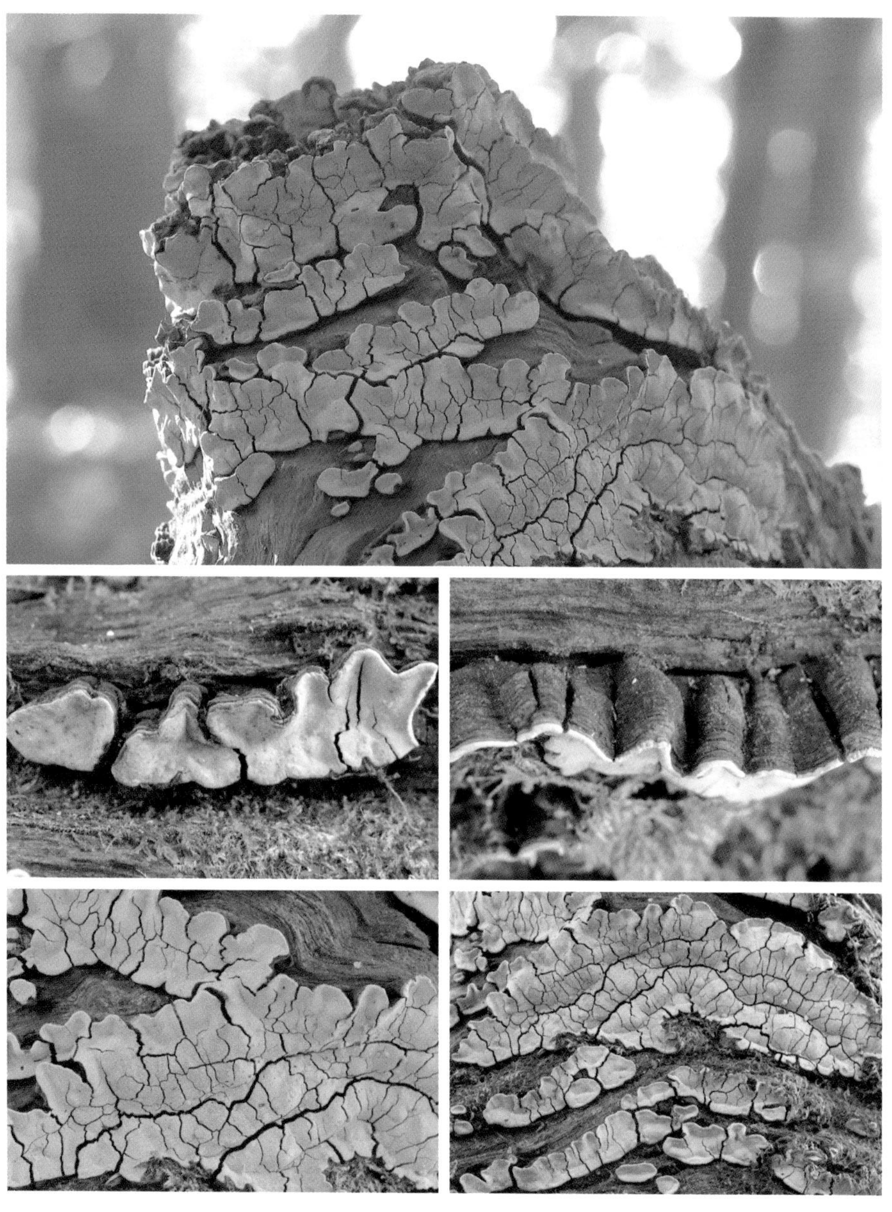

발생 연중 | 활엽수(참나무류, 가시나무류) 그루터기, 죽은 줄기 위

특징 배착생으로 작은 사마귀처럼 발생한 것들이 붙어서 다각형 집합체처럼 보인다. 가장자리 개체는 약간 반전되어 좁은 선반 모양으로 보이기도 한다. 표면은 백색에서 연한 가죽색으로 변해간다.

털침버섯

노루궁뎅이버섯과

Dentipellis fragilis (Pers.) Donk

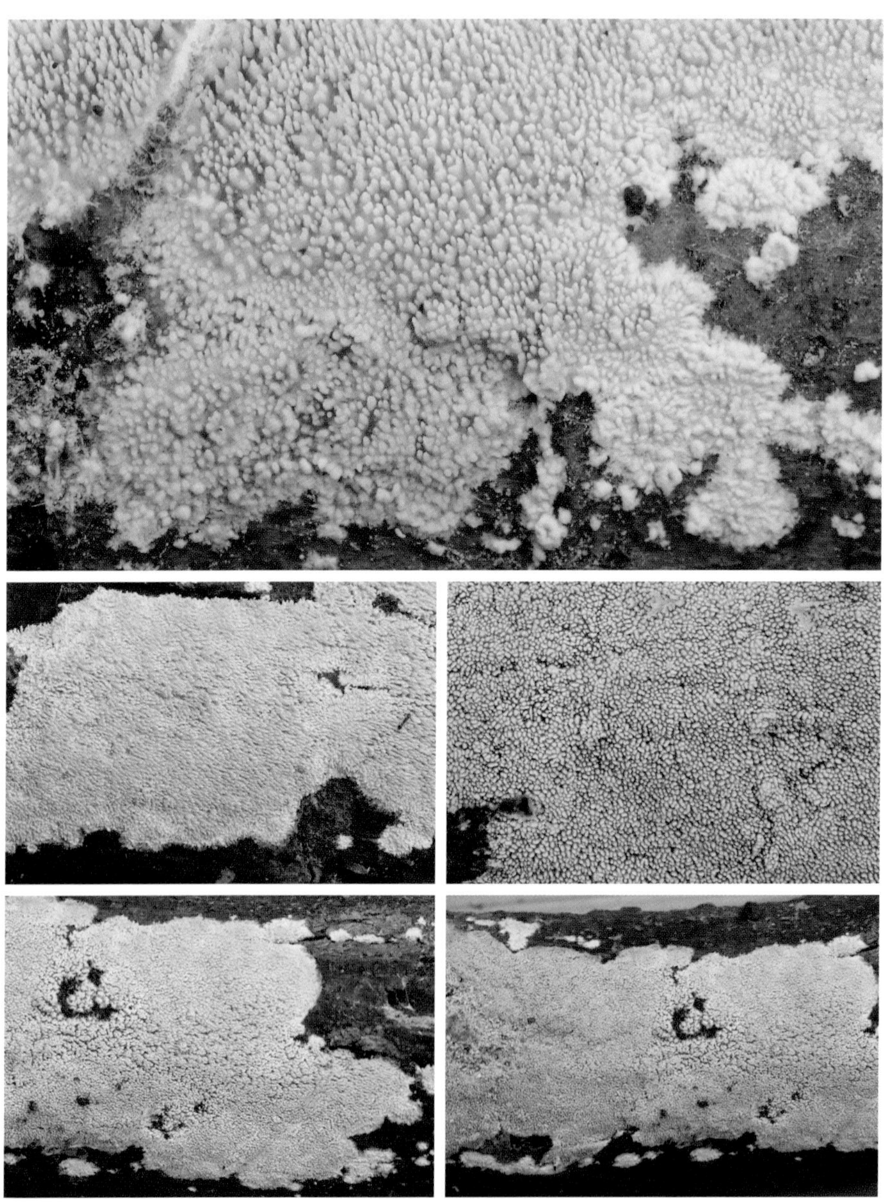

발생 봄부터 가을까지 | 활엽수 죽은 줄기나 가지 위

특징 배착생으로 느슨하게 붙어 넓게 퍼져 나간다. 자실층은 백색~크림색에서 연한 황토색, 황토 갈색으로 변해가며 가장자리는 성장할 때 털 모양이다. 표면은 침 모양이고 간격이 촘촘하다.

굴털이젖버섯 _굴털이

Lactarius piperatus (L.) Pers.

발생 여름부터 가을까지 | 활엽수림·혼합림 내의 땅 위

특징 갓은 백색에서 연한 황색으로 변해가고 오래되면 황색~황갈색의 얼룩이 생긴다. 주름살은 백색에서 크림색이 된다. 자루는 아래로 가늘어진다. 젖(유액)은 백색으로 몹시 맵다.

노란젖버섯

무당버섯과

Lactarius chrysorrheus Fr.

발생 여름부터 가을까지 | 침엽수림 · 활엽수림 · 혼합림 내의 땅 위

특징 갓은 황색을 띤 연한 살색으로 진한 색 테 무늬가 있다. 주름살은 크림색에서 연한 살색으로 변해가며 내려 붙은 모양이고, 간격이 촘촘하다. 젖(유액)은 백색이고 즉시 노란색으로 변한다.

배젖버섯

무당버섯과

Lactarius volemus (Fr.) Fr.

발생 여름부터 가을까지 | 활엽수림 · 혼합림 내의 땅 위

특징 갓은 황갈색, 오렌지 갈색, 벽돌색이고, 평평하고 미끄러우나 미세한 가루가 덮여 있다. 주름살은 백색에서 연한 황색이 되고 간격이 촘촘하다. 젖(유액)은 백색에서 점차 갈색으로 변한다.

새털젖버섯

무당버섯과

Lactarius vellereus (Fr.) Fr.

발생 여름부터 가을까지 | 침엽수림 · 활엽수림 · 혼합림 내의 땅 위

특징 갓은 백색에서 백황색으로 변해가며 벨벳 같은 가는 털로 덮이고, 가장자리가 안쪽으로 말려있다. 주름살은 백색에서 황색으로 변해가고, 자루는 가는 털로 덮여 있다. 젖(유액)은 백색이다.

검은젖버섯아재비

무당버섯과

Lactarius subgerardii (Hesler & A.H. Sm.) D. Stubbe

발생 여름부터 가을까지 | 이끼류, 활엽수림 내의 땅 위

특징 갓은 연한 회갈색, 암회갈색으로 미세하게 벨벳 모양이며 미세한 주름이 잡히기도 한다. 주름살은 백색에서 크림 황색으로 변해간다. 자루는 원주형 또는 기부로 다소 가늘어진다. 젖(유액)은 흰색이다.

얇은갓젖버섯

무당버섯과

Lactarius subplinthogalus coker

발생 여름부터 가을까지 | 활엽수림 내의 땅 위

특징 갓은 베이지 갈색, 황토색, 회흑갈색으로 굴곡이 있고 주름져 있다. 주름살은 크림색에서 연한 황토색에 가까워지고, 간격이 성기다. 젖(유액)은 백색이다가 아주 천천히 적색으로 변한다.

작은테젖버섯 _성근원반젖버섯

Lactarius circellatus Fr.

발생 봄부터 가을까지 | 활엽수림(주로 서어나무) 내의 땅 위

특징 갓은 자주색이 가미된 회갈색으로 바탕색보다 짙은 테 무늬가 나타난다. 주름살은 연한 황토색으로 간격이 약간 성기다. 자루는 원기둥 모양이다. 젖(유액)은 백색으로 매운맛이 강하다.

젖버섯아재비

무당버섯과

Lactarius hatsudake Nobuj. Tanaka

발생 봄부터 가을까지 | 침엽수림(소나무, 곰솔나무) 내의 땅 위

특징 갓은 연한 홍적색, 연한 황적갈색으로 진한 색의 테 무늬가 있다. 주름살은 분홍빛 적색이고 간격이 촘촘하다. 자루는 원통 모양이다. 젖(유액)은 짙은 적색인데 오래되면 청록색으로 변한다.

향기젖버섯

무당버섯과

Lactarius quietus (Fr.) Fr.

발생 여름부터 가을까지 | 활엽수림 내의 땅 위

특징 갓은 가죽색, 허연색, 연한 적갈색으로 된 불분명한 테 무늬가 있고 건조하면 정향 냄새가 난다. 주름살은 백색에서 연한 적갈색으로 변해간다. 기부에 흰 털이 있다. 젖(유액)은 탁한 백색이다.

홍젖버섯

무당버섯과

Lactarius rufulus Peck

발생 봄부터 가을까지 | 활엽수림(참나무류 등) 내의 땅 위

특징 갓은 갈색을 띤 적색에서 오래되면 오렌지 갈색으로 변하며 평평하고 미끄럽다. 주름살은 분홍 황색에서 오래되면 칙칙한 색으로 변해간다. 젖(유액)은 황백색이다.

황색갈유액털젖버섯

Lactifluus ochrogalactus (Hashiya) X.H. Wang

발생 여름부터 가을까지 | 활엽수림(서어나무, 졸참나무) 내의 땅 위

특징 갓은 짙은 갈색에서 황갈색~황토색으로 변해가며 잔주름이 있고 벨벳 같은 질감이다. 주름살은 연한 베이지색으로 간격이 약간 성기다. 젖(유액)은 적갈색~초콜릿색이고 양이 많은 편이다.

구릿빛무당버섯 _풀색무당버섯

Russula aeruginea Fr.

발생 여름부터 가을까지 | 침엽수림·활엽수림 내의 땅 위

특징 갓은 회색이 가미된 올리브색, 초록색, 황록색으로 점차 색이 옅어지며 가장자리에 방사상의 홈이 있다. 주름살은 백색에서 연한 황색으로 변해가며 간격이 촘촘하다. 자루는 방망이 모양이다.

금무당버섯 _황금무당버섯

Russula aurea Pers.

발생 여름부터 가을까지 | 침엽수림 · 활엽수림 내의 땅 위

특징 갓은 적색, 황색, 오렌지색이 섞여 있고 가장자리에 알갱이 모양이 이어진 줄이 짧게 나타난다. 주름살은 연한 황색에서 레몬 황색으로 변해가며 간격이 약간 촘촘하다. 자루는 원기둥 모양이다.

기와버섯

무당버섯과

Russula virescens (Schaeff.) Fr.

발생 여름 | 활엽수림 내의 땅 위

특징 갓은 황록색으로 매끈하지만 곧 녹색이 증가하고 균열이 생기며 불규칙한 다각형으로 갈라져 기와를 연상시키는 얼룩 모양이 된다. 주름살은 백색으로 간격이 촘촘하다. 자루는 원기둥 모양이다.

기와버섯 _적녹색무당버섯

Russula virescens (Schaeff.) Fr.(=Russula viridirubrolimbata)

발생 여름 | 활엽수림 내의 땅 위

특징 갓은 황록색과 붉은색이 혼합된 색으로 가운데는 녹색, 주변은 붉은색을 띤다. 불규칙한 다각형으로 갈라져 기와를 연상시키는 얼룩 모양을 나타낸다. 주름살은 백색으로 간격이 촘촘하다.

노랑무당버섯

무당버섯과

Russula flavida Frost

발생 여름부터 가을까지 | 혼합림 내의 땅 위

특징 갓은 어릴 때 진한 노란색이지만 차츰 밝은 노란색이 되고 표피는 벗겨지지 않는다. 주름살은 백색에서 크림색으로 변해가며 간격이 촘촘하다. 자루는 오래되면 기부 쪽에만 노란색이 남는다.

담갈색무당버섯

Russula compacta Frost

발생 여름부터 가을까지 | 활엽수림 내의 땅 위

특징 갓은 깔때기 모양이고 연한 갈색~연한 적갈색으로 변해가며, 약간 거칠고 투박하며 미세한 균열이 생긴다. 주름살은 백색이지만 상처가 나면 적갈색의 얼룩이 생기고, 간격이 매우 촘촘하다.

목련무당버섯 _흰꽃무당버섯

Russula alboareolata Hongo

발생 여름부터 가을까지 | 활엽수림 내의 땅 위

특징 갓은 연한 백황색의 가루로 덮여 있다가 차츰 떨어져 매끈해지고 백색이 되지만, 가운데는 황갈색의 얼룩이 생긴다. 주름살은 백색으로 간격이 약간 촘촘하다. 자루는 방망이 모양이다.

무당버섯 _냄새무당버섯

Russula emetica (Schaeff.) Pers.

발생 여름부터 가을까지 | 침엽수림 · 활엽수림 내의 땅 위

특징 갓은 습하면 끈기가 있고 선홍색이나 점차 분홍색이 된다. 가장자리에 선이 나타나며 표피는 벗겨지기 쉽다. 주름살은 백색으로 간격이 약간 성기다. 자루는 주름 모양의 세로선이 있다.

밀짚색무당버섯

무당버섯과

Russula grata Britzelm.

발생 여름부터 가을까지 | 활엽수림 · 혼합림 내의 땅 위

특징 갓은 연한 황갈색, 황토색이고 가장자리에 방사상으로 알갱이 모양의 선이 있다. 주름살은 백색에서 연한 백황색으로 변해가고 갈색의 얼룩이 생긴다. 자루에 세로로 홈이 있다.

장미무당버섯 _졸각무당버섯

Russula rosea Pers.

발생 여름부터 가을까지 | 활엽수림 · 혼합림 내의 땅 위

특징 갓은 선홍색, 진홍색으로 가루가 덮여 있고 때로는 벗겨져 흰 살이 드러나기도 한다. 주름살은 백색에서 크림 황색으로 변해가며 간격이 촘촘하다. 주름살은 가장자리부터 차차 붉게 물든다.

절구무당버섯

무당버섯과

Russula nigricans (Bull.) Fr

발생 여름부터 가을까지 | 침엽수림 · 활엽수림 내의 땅 위

특징 갓은 탁한 백색이다가 어두운 갈색, 흑색으로 변해간다. 상처가 나면 적색을 거쳐 흑색으로 변한다. 주름살은 백색에서 연한 백황색, 흑색이 되고 간격이 성기다. 자루는 원기둥 모양이다.

절구무당버섯아재비

Russula subnigricans Hongo

발생 여름부터 가을까지 | 활엽수림 내의 땅 위

특징 갓은 회갈색에서 흑갈색으로 변해가며 건조하고 다소 벨벳 같은 질감이다. 상처가 나면 서서히 적색을 띤다. 주름살은 크림색이고 간격이 성기다. 자루에는 희미한 세로 주름이 있다.

조각무당버섯

Russula vesca Fr.

발생 여름 | 침엽수림·활엽수림 내의 땅 위

특징 갓은 살색, 자주색, 보라색, 황색 등이 혼합된 색으로 가장자리에 알갱이 모양의 선이 짧게 나타난다. 주름살은 백색으로 기부에서 두 개로 갈라지며, 간격이 촘촘하다. 자루에는 세로로 홈이 있다.

좀흰무당버섯

무당버섯과

Russula castanopsidis Hongo

발생 여름부터 가을까지 | 활엽수(참나무, 서어나무) 내의 땅 위

특징 갓은 가운데는 회색이 가미된 황갈색, 가장자리는 베이지색을 띤다. 주름살은 백색에서 크림색으로 변해가며 바르게 붙은 모양이고 간격이 촘촘하다. 자루는 휘었고 세로선이 있다.

청머루무당버섯

무당버섯과

Russula cyanoxantha (Schaeff.) Fr.

발생 여름부터 가을까지 | 활엽수림(참나무, 자작나무) 내의 땅 위

특징 갓은 자주색, 연한 자주색, 올리브색, 연두색, 보라색, 황록색이 섞여 있어 대단히 변화가 많다. 주름살은 백색으로 간격이 촘촘하고, 기부와 중간에서 주름살이 갈라진다. 자루는 원기둥 모양이다.

홍자색애기무당버섯

Russula fragilis Fr.

발생 여름부터 가을까지 | 활엽수림 · 침엽수림(주로 활엽수림) 내의 땅 위

특징 갓은 어두운 홍자색이고 나중에 거의 자흑색이 되고 가장자리는 자적색, 회분홍색, 올리브 녹색, 레몬 황색 등이 섞이기도 한다. 주름살은 흰색~매우 연한 크림색이다. 자루는 아래쪽으로 약간 굵어진다.

회갈색무당버섯

무당버섯과

Russula sororia Fr.

발생 여름부터 가을까지 | 정원, 길가, 숲속의 땅 위

특징 갓은 연한 회갈색으로 가운데는 짙은 색이고 습할 때는 끈적거리며, 가장자리에 뚜렷한 알갱이 모양의 주름진 홈이 있다. 주름살은 백색으로 떨어져 붙은 모양이고, 간격이 약간 성기다.

흙무당버섯

무당버섯과

Russula senecis Imai

발생 여름부터 가을까지 | 활엽수림 · 혼합림 내의 땅 위

특징 갓은 황토 갈색에서 탁한 황토색으로 변해가고 표피가 갈라져 꽃잎 모양의 무늬가 나타난다. 주름살은 백색에서 갈색의 얼룩이 생겨 지저분해 보이고, 간격이 촘촘하다. 자루는 원기둥 모양이다.

민뿌리버섯

뿌리버섯과

Heterobasidion ecrustosum Tokuda, T. Hatt. & Y.C. Dai

발생 여름부터 가을까지 | 침엽수(소나무) 그루터기, 죽은 줄기 위

특징 반배착생으로 갓은 기부부터 서서히 적갈색~흑갈색을 띠며 희미한 테 무늬가 있고, 가장자리는 성장할 때 백색 또는 연한 황색이다. 관공은 백색에서 크림색으로 변해가며 간격이 약간 성기다.

솔비늘버섯 _비자표피버섯

Laurilia sulcata (Burt) Pouzar

발생 여름부터 가을까지 | 침엽수(비자나무)의 껍질 위

특징 반배착생으로 여러 개체와 합쳐지며 갓을 형성한다. 갓은 어두운 갈색, 검은색을 띠며 원으로 주름이 형성된다. 갓 아랫면은 흰색에서 회색~황갈색으로 변해가며 평평하고 미끄럽거나 울퉁불퉁하다.

좀나무싸리버섯

솔방울털버섯과

Artomyces pyxidatus (Pers.) Jül.

발생 여름부터 가을까지 | 침엽수·활엽수 그루터기, 줄기 위

특징 자실체는 'U 자형'으로 갈라지고 한 마디에서 3~6개의 가지를 내며 여러 번 다시 갈라져 산호 모양이 된다. 연한 황갈색에서 적황색, 백황색이 된다. 기부에는 분홍빛 갈색의 융털 뭉치가 있다.

솔방울털버섯

Auriscalpium vulgare Gray

발생 여름부터 가을까지 | 땅이나 낙엽에 묻힌 솔방울 위

특징 갓은 반원이나 콩팥 모양으로 밝은 갈색~황갈색에서 적갈색으로 변해가며 거친 털이 덮여 있다. 아랫면은 백색에서 점차 갈색으로 짙어지며 침 모양이다. 자루에 미세한 털이 덮여 있다.

갈색털느타리

솔방울털버섯과

Lentinellus ursinus (Fr.)Kühner

발생 여름부터 초겨울까지 | 활엽수 고목이나 죽은 줄기 위

특징 갓은 연한 황갈색에서 성숙하면 짙은 갈색으로 변해가고, 벨벳 같은 짧은 털이 무수히 덮여 있다. 주름살은 백황색에서 연한 적갈색이 되고, 기부 쪽으로 내려 붙은 모양이다.

종이애기꽃버섯

관꽃버섯과(가칭)

Stereopsis burtiana (Peck) D. A. Reid

발생 여름부터 가을까지 | 숲속 부엽토, 땅에 묻힌 나뭇조각 위

특징 갓은 갈색에서 성숙하면서 점차 옅은 색이 되며 광택이 있고, 방사상의 섬유 무늬와 희미한 테 무늬가 있다. 오래되면 톱니 모양으로 찢어진다. 아랫면은 갓보다 옅은 색으로 매끄럽다.

고리갈색깔때기버섯

노루털버섯과

Hydnellum concrescens (Pers.) Banker

발생 여름부터 가을까지 | 침엽수림·활엽수림 내의 이끼나 낙엽 땅 위

특징 갓은 백색에서 점차 갓이 바깥쪽으로 자라면서 가운데가 갈색~적갈색이 된다. 아랫면은 연한 갈색에서 적갈색으로 변해가며 침이 무수히 돋아 있다. 자루는 상처가 나면 흑색으로 변한다.

살갗갈색깔때기버섯

Hydnellum caeruleum (Hornem.) P. Karst.

발생 여름 | 침엽수림 · 혼합림 내의 땅 위

특징 갓은 어릴 때는 가운데가 회청색을 띠고 가장자리는 허연색이나 점차 갈색, 짙은 갈색, 흑갈색으로 변해간다. 아랫면인 자실층은 연한 회색~연한 회청색에서 흑갈색으로 변해가며 침 모양이다.

무늬노루털버섯 _개능이

노루털버섯과

Sarcodon scabrosus (Fr.) Karst.

발생 여름부터 가을까지 | 침엽수림·활엽수림 내의 땅 위

특징 갓은 옅은 갈색에서 갈색으로 변해가고, 미세한 털이 덮여 있다가 성숙하면서 표피가 갈라져 납작한 인편이 된다. 아랫면은 회백색에서 자갈색으로 변해가며 침이 무수히 돋아 있다.

살팽이버섯 _암갈색살팽이버섯

Phellodon melaleucus (Swartz.) P. Karst.

발생 여름부터 가을까지 | 침엽수림·활엽수림 내의 땅 위

특징 갓은 백색인데 자라면서 가운데는 회갈색을 거쳐 암갈색으로 변해가고 백색 부분이 가장자리로 밀려 백색의 테두리를 만든다. 아랫면은 백색에서 회갈색으로 변해가며 침 모양이다.

솜살팽이버섯

노루털버섯과

Phellodon tomentosus (L.) Banker

발생 여름부터 가을까지 | 침엽수림 · 활엽수림 내의 땅 위

특징 갓은 회갈색~자갈색이고 가장자리는 허연색이다. 표면은 미세하게 방사상으로 주름지고 암색의 테 무늬가 있다. 아랫면은 흰색에서 회백색으로 변해가며 침 모양이다. 자루는 섬유 모양이다.

단풍사마귀버섯

Thelephora palmata (Scop.) Fr.

발생 여름부터 가을까지 | 숲속 땅 위

특징 자실체는 기부에서 올라온 가지가 불규칙하게 갈라져 여러 개의 가지로 나뉘며, 전체가 산호 모양이 된다. 가지의 끝은 혀 모양 또는 주걱 모양으로 뭉툭하며, 백색의 털 모양이다.

붓털사마귀버섯

사마귀버섯과

Thelephora penicillata (Pers.) Fr.

발생 여름부터 가을까지 | 숲 속의 풀, 나뭇가지, 낙엽, 땅 위

특징 자실체는 기부에서 여러 개의 가지가 나오고 끝은 가늘게 갈라져 침 모양 또는 붓의 끝처럼 된다. 가지의 표면은 백색에서 연한 가죽색을 거쳐 갈색~짙은 자갈색이 되고 끝은 백색이다.

주먹사마귀버섯

Thelephora aurantiotincta Corner

발생 여름부터 가을까지 | 혼합림 내의 땅 위

특징 갓은 연한 오렌지 황색에서 오렌지 갈색~오렌지 흑색으로 변해가며 방사상의 주름과 심한 요철이 있다. 자실층인 아랫면은 짙은 적갈색으로 암갈색의 작은 사마귀 같은 돌기가 무수히 많다.

곤약버섯 _납작곤약버섯

Sebacina incrustans (Pers.) Tul. & C. Tul.

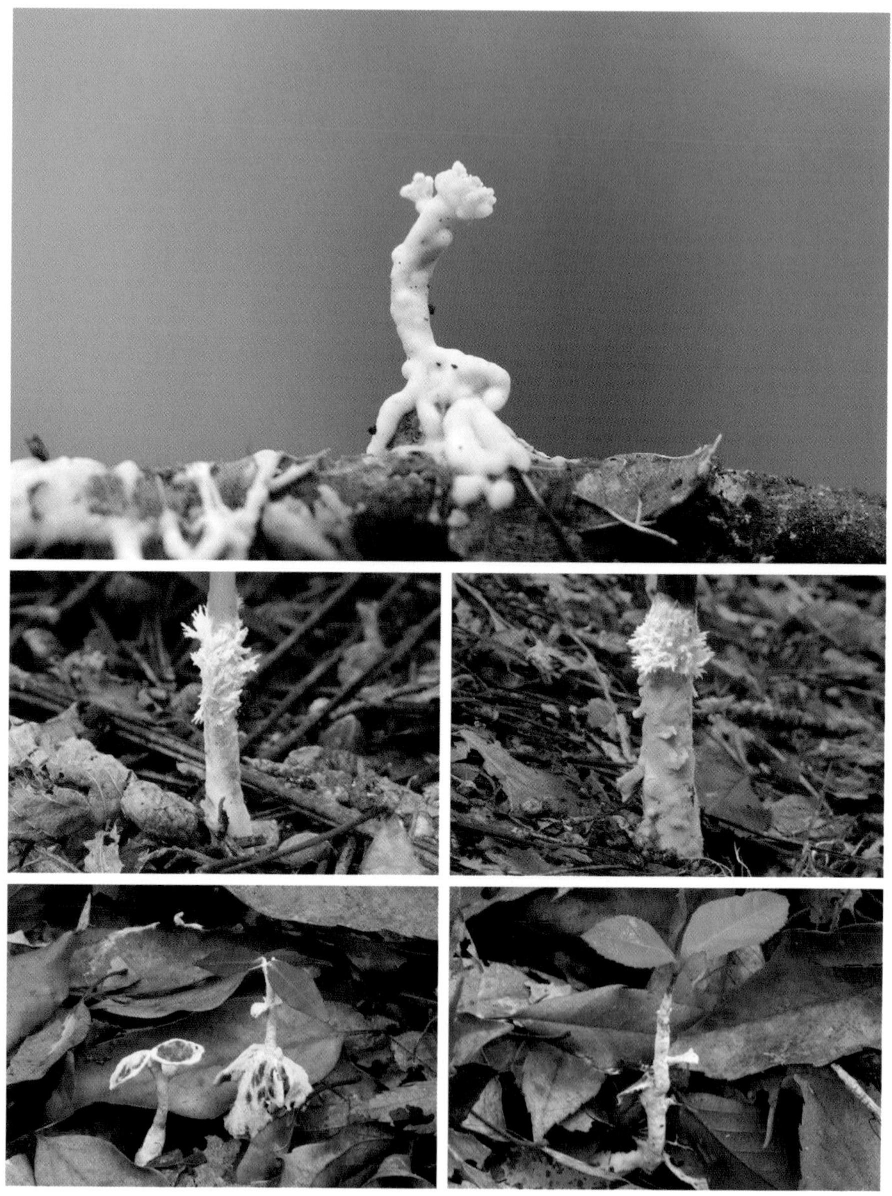

발생 여름부터 가을까지 | 살아 있거나 죽은 식물의 밑동, 땅 위

특징 배착생으로 때로는 닭 볏 모양이나 원뿔형의 돌기를 형성한다. 표면은 백색에서 연한 백황색으로 변해가며 회색 또는 분홍색이 가미되기도 하고, 매끄럽거나 혹 모양의 울퉁불퉁한 요철이 있다.

산호아교뿔버섯

Calocera coralloides Kobay.

발생 여름~가을까지 | 활엽수 고목, 떨어진 나뭇가지 위

특징 자실체는 아래는 원기둥 모양이고 기부에서 여러 갈래로 갈라져 산호 모양이 된다. 위쪽 가지는 좁고 가늘다. 표면은 연한 황색에서 황색으로 변하지만 건조하면 적황색, 적색이 된다.

황소아교뿔버섯

붉은목이과

Calocera cornea (Batsch) Fr.

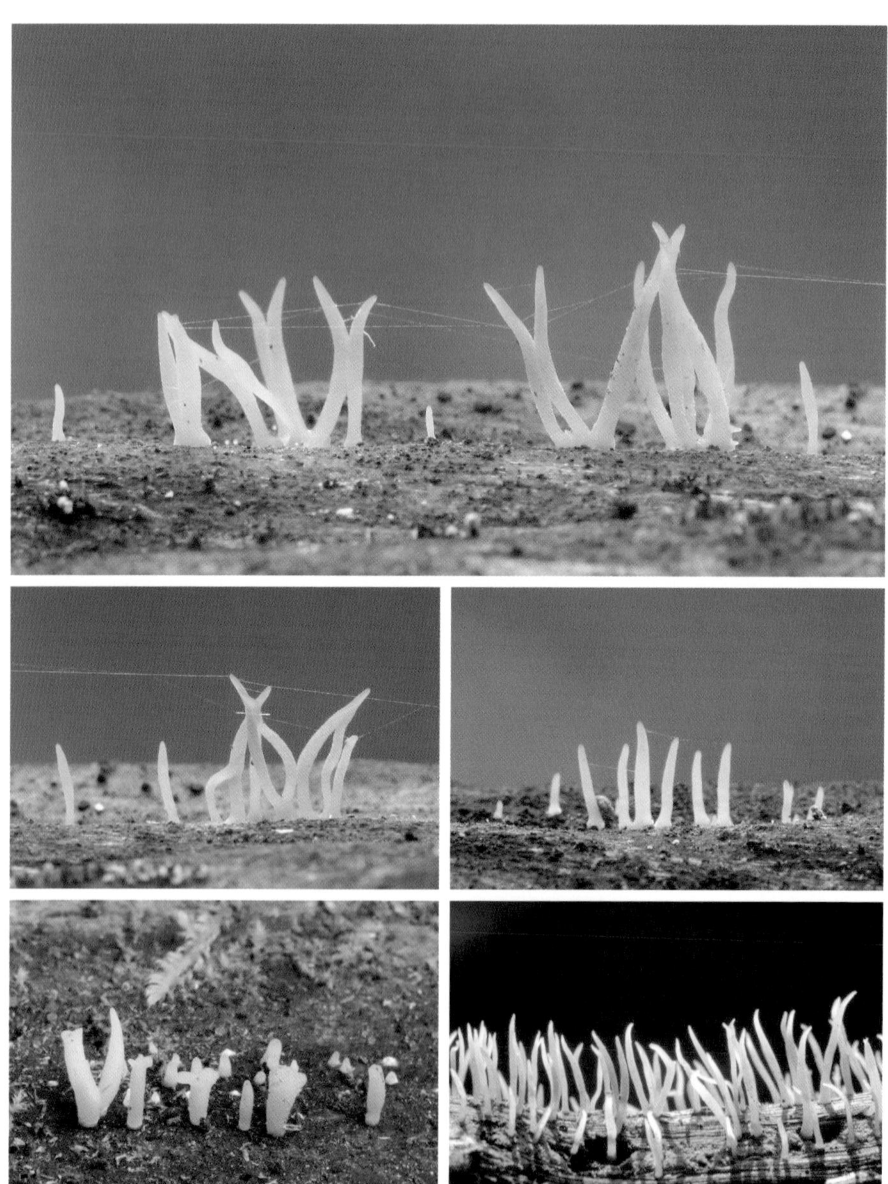

발생 봄부터 여름까지 | 침엽수·활엽수 그루터기, 죽은 줄기 위

특징 자실체는 백색의 아교질이지만 뿔의 끝부터 점차 연한 황색으로 변하다가 전면이 황색이 된다. 한 개 또는 여러 개가 모여나고, 한두 개씩 가지를 치기도 한다. 자실층이 뿔 전면에 발달한다.

주황혀버섯 _혀버섯

Dacryopinax spathularia (Schwein.) G. W. Martin

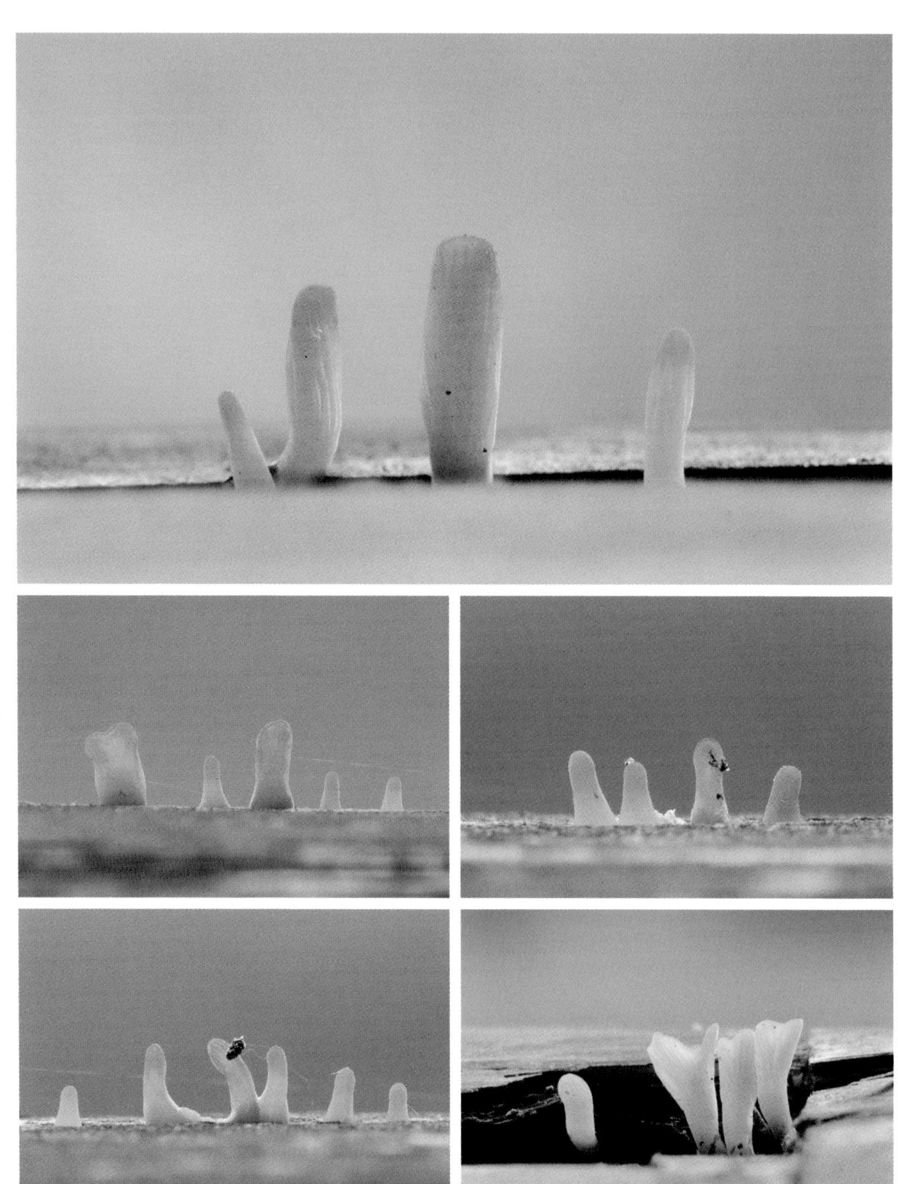

발생 봄부터 가을까지 | 침엽수(드물게 활엽수) 고목 위

특징 자실체는 전체가 등황색으로 아교질이고, 어릴 때는 둥근 주걱 모양에서 점차 혀 모양이 된다. 가운데가 양 갈래로 갈라지고 가장자리는 물결 모양이다. 살(조직)은 연골 같은 젤라틴질이다.

노랑주발목이 _노란주발목이

붉은목이과

Ditiola peziziformis (Lév.) Reid

발생 여름부터 가을까지 | 활엽수 죽은 줄기나 떨어진 가지 위

특징 자실체는 어릴 때는 팽이 모양이고 성숙하면 컵 모양으로 움푹해지며, 가장자리는 날카롭고 물결 모양이 된다. 윗면은 연한 황색이고 아랫면과 가장자리는 백색으로 미세한 솜털이 있다.

금강초롱버섯

붉은목이과

Guepiniopsis buccina (Pers.) L.L. Kenn

발생 여름부터 가을까지 | 활엽수 죽은 줄기 위

특징 머리 부분은 가운데가 오목한 주발 모양에서 성숙하면서 접시 모양으로 넓어진다. 안쪽 표면은 매끄럽고 오렌지 황색에서 연한 황색으로 변해간다. 자루 부분은 잎맥 모양의 융기한 주름이 있다.

꽃흰목이

흰목이과

Phaeotremella foliacea (Pers.) Wedin, J.C. Zamora & Millanes

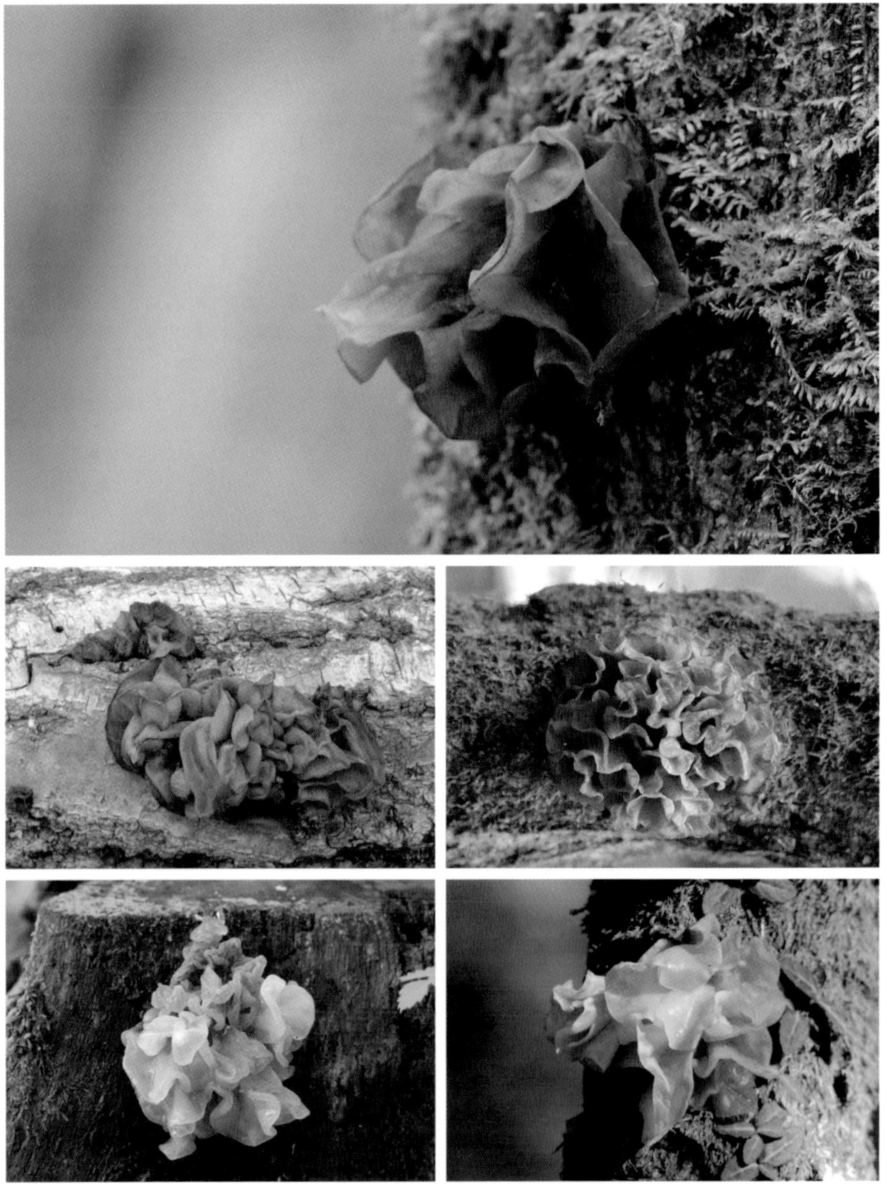

발생 봄부터 가을까지 | 활엽수(참나무) 죽은 줄기나 가지 위

특징 자실체는 물결 모양을 한 겹꽃 모양이다. 표면은 연한 분홍색에서 연한 자갈색이 되고, 추울 때 발생한 것은 허옇게 바래기도 한다. 살(조직)은 반투명하고 유연하다.

꽃흰목이(흑갈색형)

Phaeotremella foliacea (Pers.) Wedin, J.C. Zamora & Millanes

발생 봄부터 가을까지 | 활엽수의 죽은 줄기나 가지 위

특징 자실체는 지름이 6~12cm, 높이가 3~6cm로 물결 모양을 한 겹꽃 모양이다. 표면은 얇고 흑색 또는 흑갈색인데, 마르면 검고 단단한 연골질의 덩어리로 오그라든다.

점흰목이

흰목이과

Tremella coalescens L. S. Olive

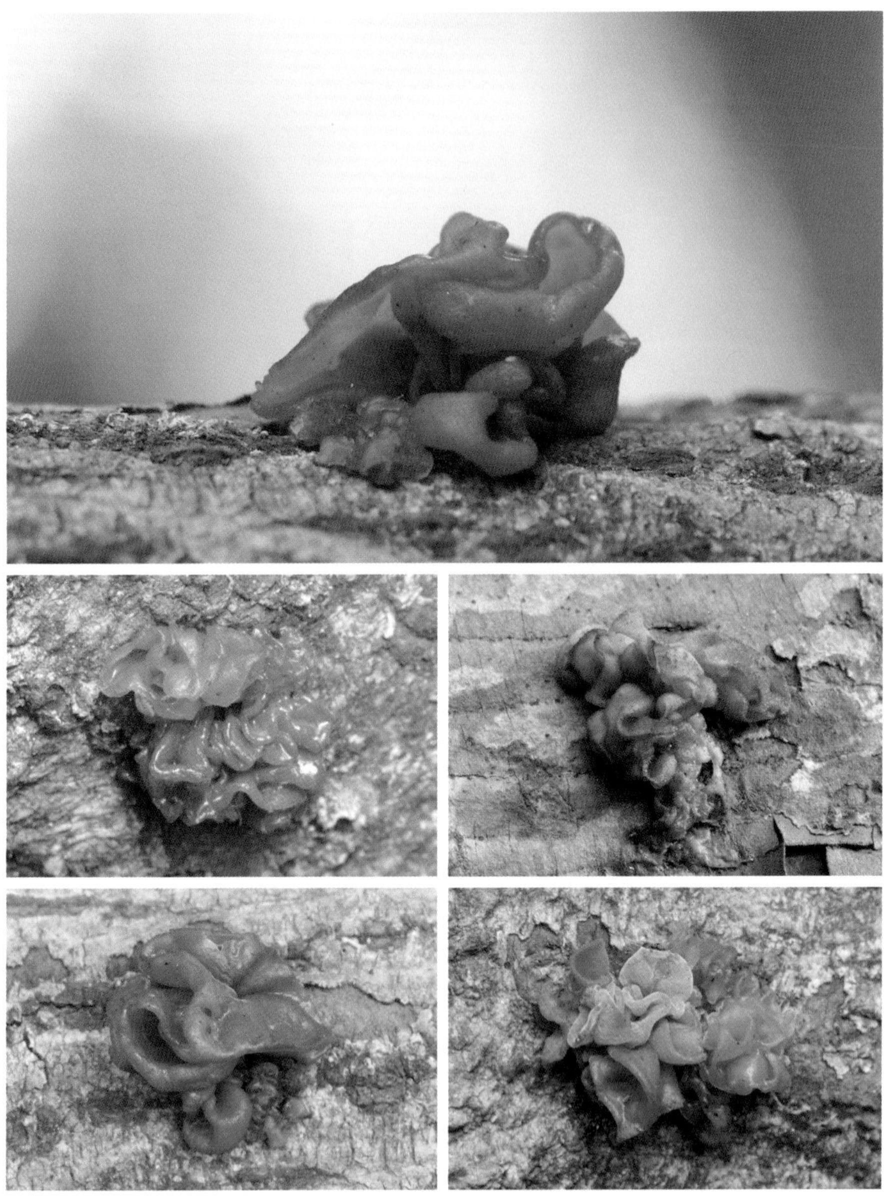

발생 여름부터 가을까지 | 활엽수 죽은 줄기나 가지 위

특징 자실체는 자루가 없이 기주에 직접 붙으며 원반이나 방석 모양으로 가장자리는 물결 모양의 겹친 꽃잎 모양이다. 표면은 계피 적색, 갈색~흑갈색으로 건조하면 흑색의 껍질 모양이 된다.

황금흰목이

흰목이과

Tremella mesenterica Retz.

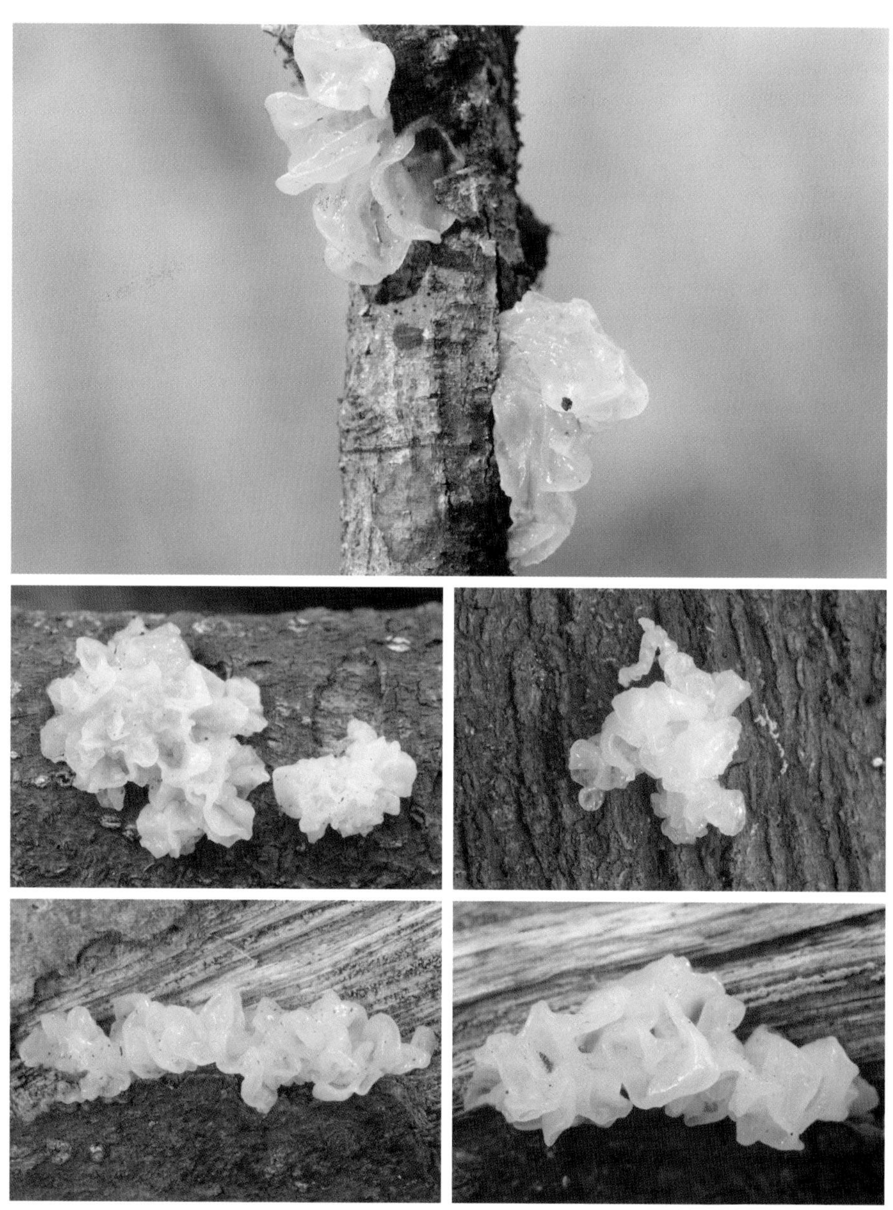

발생 봄부터 가을까지 | 활엽수 죽은 줄기나 가지 위

특징 자실체는 황색~오렌지 황색으로 어릴 때 작은 주머니 모양에서 점차 확대되어 융합하면 물결 모양의 주름이 잡힌 덩어리 모양이 된다. 건조하면 수축해 연골질이 된다.

흰목이

흰목이과

Tremella fuciformis Berk.

발생 여름 | 활엽수 죽은 줄기나 가지 위

특징 자실체는 순백색의 반투명한 젤라틴질이며 닭 볏이나 물결 모양을 한 겹꽃 모양이다. 건조하면 오므라들어서 연골질이 된다. 포자를 형성하는 자실층이 전체 표면에 발달한다.

자주빛날개무늬병균

Helicobasidium mompa Tanaka

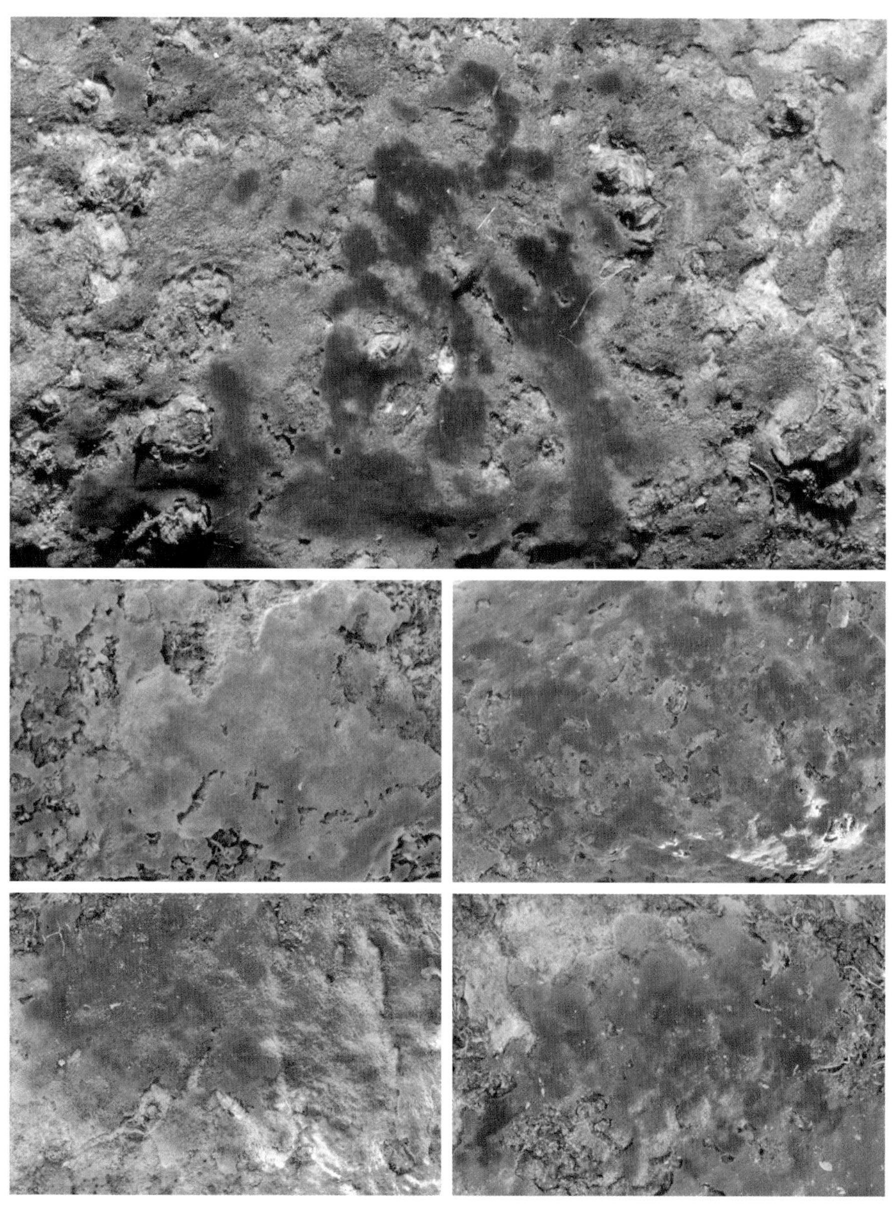

발생 연중 | 침엽수·활엽수의 살아 있는 나무 밑동

특징 자실체는 배착생으로 나무 밑동과 나무 부근 낙엽층 등을 덮어씌우면서 기질 위에 얇고 넓게 퍼져 나간다. 표면은 갈색, 암갈색, 자갈색, 적갈색을 띠며 융털이 덮인 모양이다.

자낭균문

검은마귀숟갈버섯

콩나물버섯과

Trichoglossum hirsutum (Pers.) Boud.

발생 여름부터 가을까지 | 숲속, 정원, 이끼 낀 땅 위

특징 자실체는 1.5~7cm로 둥근 듯 납작하거나 삽 모양 또는 곤봉 모양이다. 자실층인 머리 부분은 검은색으로 평평하고 미끄럽다. 자루는 검은색으로 미세한 털이 덮여 있다.

거미줄주발버섯 _거미줄종지버섯

Arachnopeziza aurelia (Pers.) Fuckel

발생 초봄과 늦가을 | 활엽수 썩은 나무, 두터운 낙엽 층 위

특징 자실체는 지름이 0.3~1mm로 종지나 컵 모양으로 오목하다가 원반이나 접시 모양이 된다. 자실층인 안쪽은 황색이고, 바깥 면은 금황색에서 주황색으로 변해가는 털이 덮여 있다.

원시거미줄주발버섯 _원시거미줄종지버섯

Arachnopeziza aurata Fuckel

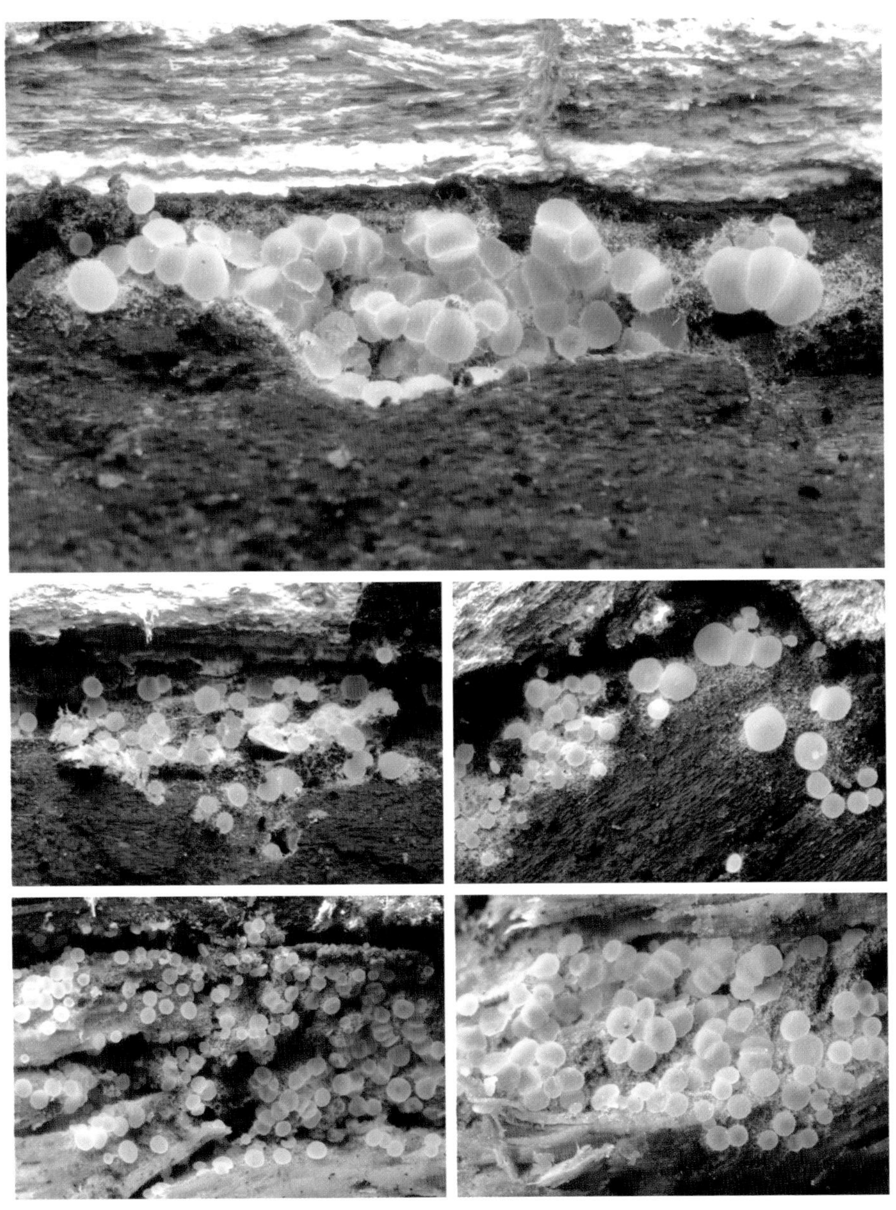

발생 봄, 드물게 가을 | 활엽수가 쓰러져 땅에 맞닿아 썩은 나무 위

특징 자실체는 그물처럼 얽힌 허연 균사 위에 발생하며, 닫혀 있는 공 모양에서 종지 모양을 이루다가 접시 모양으로 편평해진다. 자실층인 안쪽은 백색에서 허연색~연한 황토 갈색이 된다.

가는털컵버섯

거친털버섯과

Lachnum tenuissimum (Kuntze) Korf & W.Y. Zhuang

발생 봄부터 가을까지 | 초본식물의 죽은 줄기 위

특징 자실체는 얕은 컵 모양에서 접시 모양~편평한 모양이 된다. 자실층인 윗면은 백색에서 크림색으로 변해가며 평평하고 미끄럽다. 아랫면은 윗면과 같은 색으로 쌀겨 모양의 짧은 털이 덮여 있다.

리트머스털컵버섯 _단풍털컵버섯

Lachnum rhytismatis (W. Phillips) Nannf.

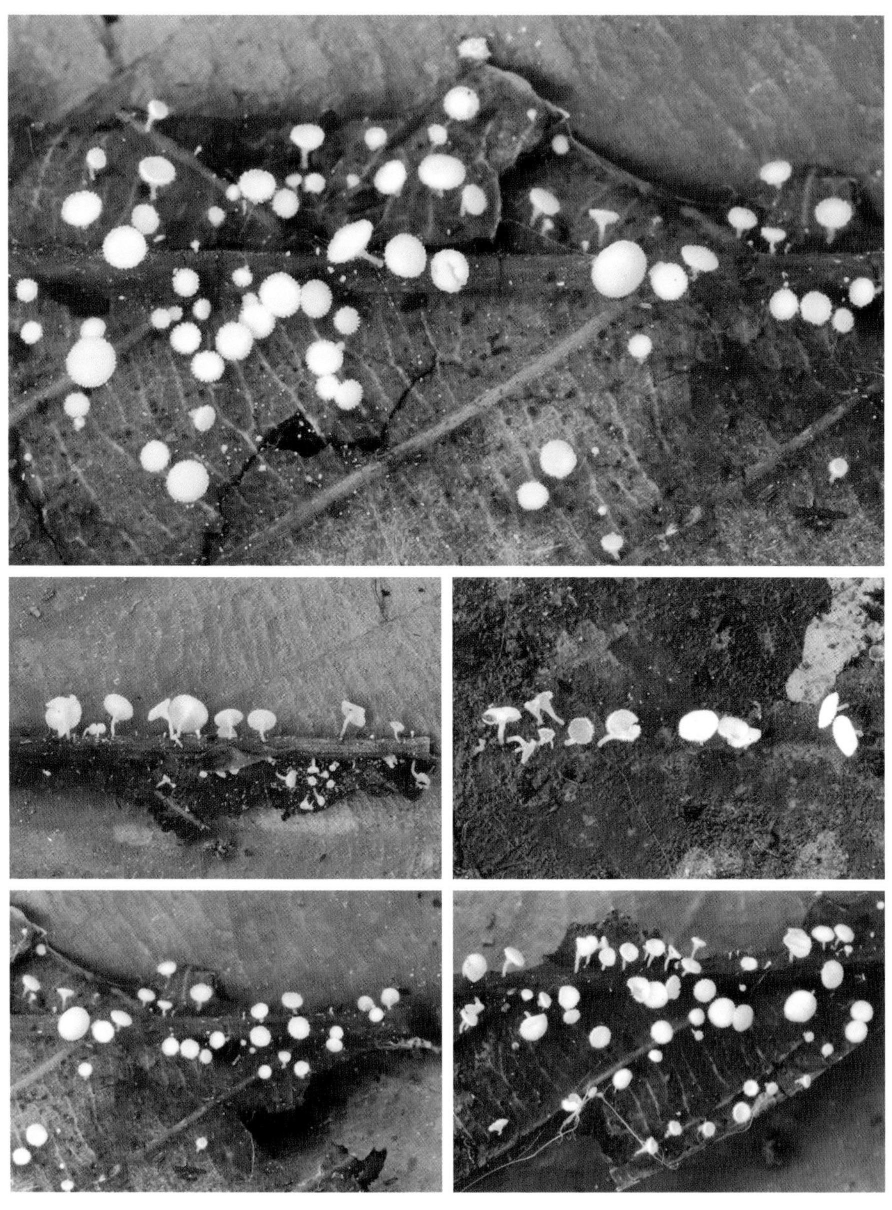

발생 봄부터 가을까지 | 활엽수 잎이나 관목의 잎 위

특징 자실체는 얕은 컵 모양에서 점차 편평해진다. 자실층인 윗면은 크림색으로 평평하고 미끄러우며, 가장자리에는 크림색의 털이 울타리처럼 돌출되어 붙어 있다. 아랫면과 자루에 백색의 털이 덮여 있다.

종지털컵버섯

거친털버섯과

Lachnum virgineum (Batsch) P. Karst.

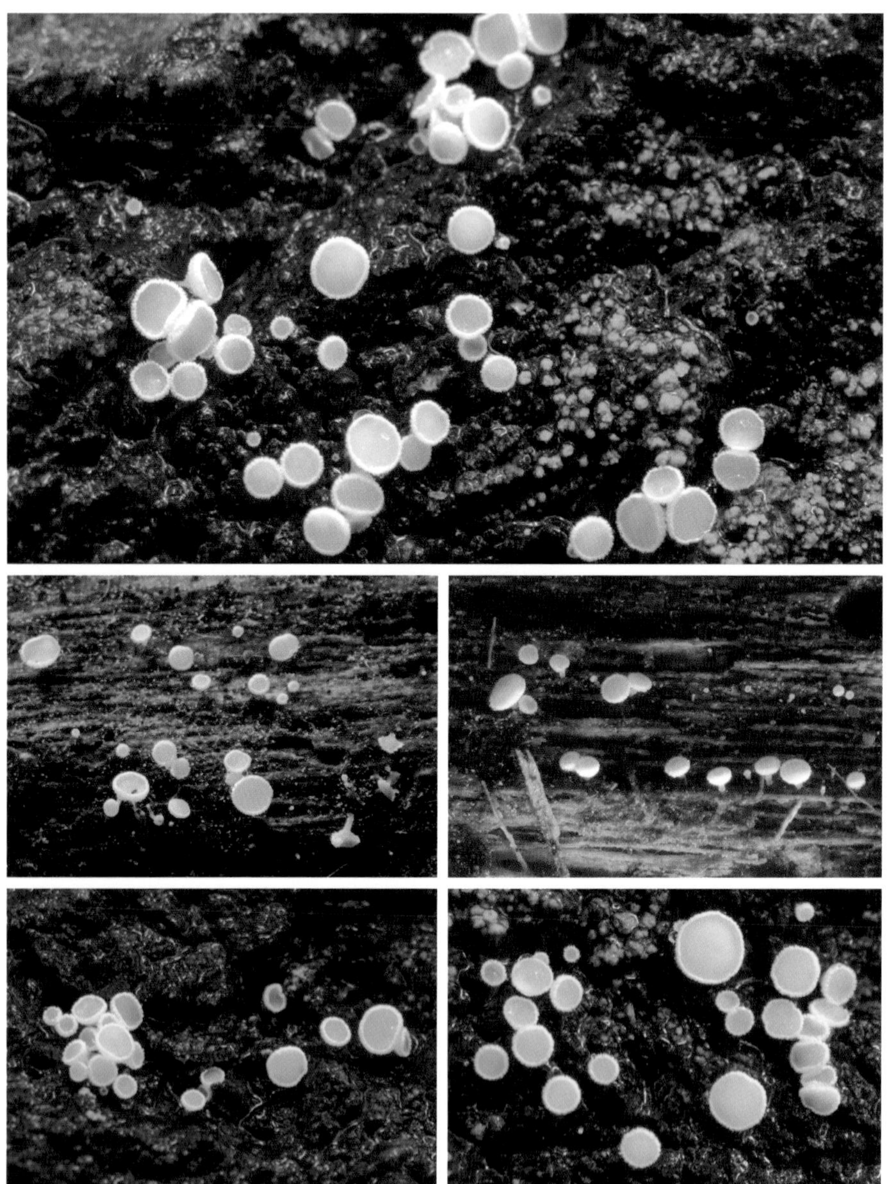

발생 봄부터 가을까지 | 활엽수 썩은 줄기, 열매껍질 위

특징 자실체는 종지 모양에서 컵 모양이다가 오래되면 접시 모양이 되기도 한다. 자실층인 윗면은 백색에서 크림색으로 변하고 매끄럽다. 아랫면과 자루에 백색의 짧은 털이 덮여 있다.

균핵술잔버섯 _갈색균핵술잔버섯

Dumontinia tuberosa (Bull.) L.M. Kohn

발생 봄 | 미나리아재비과 바람꽃 종류의 군락지 땅 위

특징 자실체의 머리 부분은 다갈색~암적갈색을 띠고 술잔, 주발, 깔때기 모양 등 다양하다. 바깥 면은 안쪽 면보다 약간 연한 색이다. 자루는 암갈색이며 기부에 균핵이 달려 있다.

동백균핵접시버섯

균핵버섯과

Ciborinia camelliae L.M. Kohn

발생 봄 | 동백나무 숲에 떨어진 썩은 꽃잎 위

특징 자실체는 처음에 곤봉 모양에서 접시 모양, 얕은 접시 모양이 된다. 접시 모양의 머리 표면과 아랫면은 갈색~적갈색을 띤 암회갈색이다. 자루는 가늘고 길며 기부에 균핵이 있다.

오디양주잔버섯 _오디균핵버섯

Ciboria shiraiana (Henn.) Whetzel, in Whetzel & Wolf

발생 봄 | 땅에 떨어진 뽕나무 열매(오디)의 균핵 위

특징 자실체의 머리 부분은 양주잔 모양이다. 자실층인 안쪽은 갈색으로 매끄럽고, 가장자리는 오래되면 톱니 모양이 된다. 바깥 면은 미세한 가루로 덮여 있다. 오디에 균핵이 생긴다.

녹청균

녹청버섯과

Chlorociboria aeruginosa (Oeder) Seaver ex C.S. Ramamurthi,

발생 봄부터 가을까지 | 활엽수 썩은 줄기 위

특징 자실체는 술잔 모양에서 접시 모양을 거쳐 편평해지고, 오래되면 뒤틀린다. 자실층인 윗면은 청록색으로 매끄럽고, 바깥 면은 백색에서 청록색으로 변해간다. 자루는 매우 짧고 가운데에 난다.

배꼽녹청균

녹청버섯과

Chlorociboria omnivirens (Berk.) J.R. Dixon

발생 봄부터 가을까지 | 활엽수 썩은 줄기 위

특징 자실체는 접시 모양에서 성숙하면서 편평해지고, 오래되면 가운데가 약간 볼록해진다. 자실층인 윗면은 청록색에서 밝아지면서 하늘색으로 변해가고 부분적으로 얼룩(반점)이 생긴다.

변형술잔녹청균

녹청버섯과

Chlorociboria aeruginascens (Nyl.) Kanouse ex C.S. Ramamurthi,

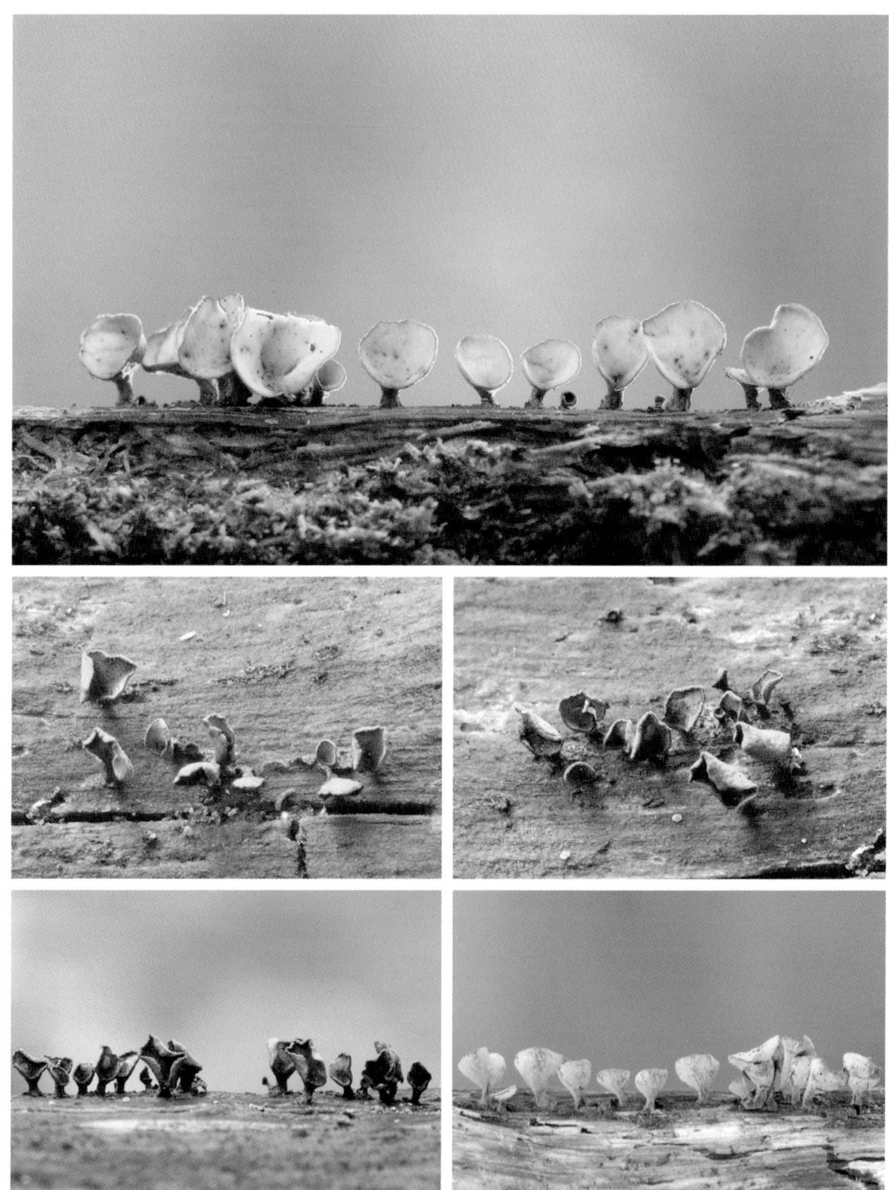

발생 봄부터 가을까지 | 활엽수 썩은 줄기 위

특징 자실체는 접시 모양에서 성숙하면 부채 모양으로 변하고, 오래되면 뒤틀린다. 자실층인 윗면은 청록색으로 매끄럽고, 아랫면은 백색에서 청록색으로 변해간다. 자루는 한쪽으로 치우쳐 난다.

녹청접시버섯 _주걱녹청균

Chlorencoelia versiformis (Pers.) Dixon

발생 여름부터 가을까지 | 활엽수 썩은 줄기 위

특징 자실체는 오목한 접시 모양에서 성숙하면 편평한 접시 모양이 되고, 가장자리는 물결 모양으로 굴곡진다. 윗면은 황록색으로 매끄럽고, 아랫면은 윗면보다 짙은 색이며 미세한 털이 덮여 있다.

짧은대꽃잎버섯

물두건버섯과

Ascocoryne cylichnium (Tul.) Korf

발생 가을 | 활엽수 썩은 줄기 위

특징 자실체는 둥글다가 가운데가 벌어지면서 접시 모양, 사발 모양이 되고 편평해진다. 자실층인 윗면은 매끄럽고 연한 적자색에서 오래되면 색이 짙어지고, 바깥면은 윗면과 같은 색이다.

황색고무버섯 _황색황고무버섯

Bisporella citrina (Batsch) Korf & S. E. Carp.

발생 여름부터 가을까지 | 활엽수 껍질 없는 썩은 부분

특징 자실체는 지름이 1~3mm로 얕은 컵이나 접시 모양이고, 성숙하면 편평해진다. 자실층인 윗면은 레몬색에서 진한 황색으로 변해가고, 바깥 면은 윗면과 같은 색으로 평평하고 미끄럽다.

물두건버섯 _산골물두건버섯

Cudoniella clavus (Alb. & Schwein.) Dennis

발생 봄부터 초여름까지 | 웅덩이에 잠긴 나뭇가지나 풀의 줄기 위

특징 자실체는 낮은 반원 모양에서 점차 편평해진다. 머리 부분은 회백색에서 연한 갈색으로 변해가고 매끄럽다. 아랫면은 유연한 곡선으로 자루와 이어진다. 자루는 위아래 굵기가 거의 같다.

긴황고무버섯

Dicephalospora rufocornea (Berk. & Broome) Spooner

발생 여름부터 가을까지 | 활엽수 죽은 줄기나 가지 위

특징 자실체는 전체적으로 압정이 연상되는 모습으로, 얕은 컵에서 접시 모양을 거쳐 편평해진다. 머리 부분은 진한 황색에서 오렌지색으로 변해가며 평평하고 미끄럽다. 아랫면은 백황색이다.

주황긴황고무버섯 _주황나발버섯

물두건버섯과

Dicephalospora huangshanica (W. Y. Zhuan) W. Y. Zhuang & Z. Q. Zeng

발생 여름부터 가을까지 | 상록활엽수 낙엽의 잎자루 위

특징 자실체는 전체적으로 압정이 연상되는 모습으로, 얕은 컵에서 접시 모양을 거쳐 편평해진다. 머리 부분은 주홍색으로 평평하고 미끄럽고, 아랫면은 머리 부분과 같은 색이거나 약간 연한 색이다.

갈색잔버섯 _갈색자루접시버섯

Tatraea macrospora (Peck) Baral

발생 여름부터 가을까지 | 썩어가는 활엽수 죽은 줄기나 가지 위

특징 자실체는 컵 모양에서 점차 접시 모양으로 넓어지고 평평하고 미끄러워진다. 윗면은 연한 베이지색에서 보랏빛을 띤 엷은 갈색이다. 바깥 면은 윗면과 같은 색이고, 쌀겨 같은 물질이 덮여 있다.

황녹청균

살갗버섯과

Chlorosplenium chlora (Schwein.) M. A. Curtis

발생 여름부터 가을까지 | 활엽수 썩은 줄기 위

특징 자실체는 얕은 컵이나 단지 모양에서 성숙하면 편평해지고, 오래되면 뒤틀린다. 자실층인 윗면은 밝은 황색에서 황록색으로 변해가고 매끄럽다. 아랫면은 미세한 털로 덮여 있다. 자루는 없다.

균핵꼬리버섯

Scleromitrula shiraiana (Henn.) S. Imai

발생 봄 | 땅에 떨어진 뽕나무 열매(오디) 위

특징 자실체의 자실층인 머리 부분은 표면이 갈색으로 찌그러진 방추형 또는 대추씨 모양이고, 끝은 뾰족하며 세로 홈이 여러 개 있다. 자루는 머리와 같은 색으로 가늘고 보통 휜다.

코털버섯 _오렌지색코털버섯

코털버섯과

Vibrissea truncorum (Alb. & Schwein.) Fr.

발생 봄부터 초여름까지 | 맑은 계곡물에 떨어진 나뭇가지 위

특징 자실체는 자실층인 머리 부분은 둥그런 모자를 쓴 모양이고, 연한 노란색에서 오렌지색으로 변해간다. 가장자리는 약간 아래로 말린 모습이다. 자루에 가는 실 같은 인편이 붙어 있다.

콩두건버섯

두건버섯과

Leotia lubrica (Scop.) Pers.

발생 여름부터 가을까지 | 숲속 땅 위

특징 자실체의 머리 부분은 가장자리가 안으로 말리고 불규칙한 원으로, 황토색에서 황록색으로 변해가며 점성이 있고 조금 굴곡진 모습이다. 자루는 미세한 가루 같은 인편이 덮여 있다.

콩두건버섯(녹색형)

두건버섯과

Leotia lubrica (Scop.) Pers

발생 여름부터 가을까지 | 이끼 사이나 숲속 땅 위

특징 자실체의 머리 부분은 가장자리가 안으로 말리고 불규칙하게 찌그러진 반원으로, 녹색에서 올리브색으로 변해가며 점성이 있고 굴곡진 모습이다. 자루는 황색으로 구부러졌다.

부푼투명바퀴버섯

Hyalorbilia inflatula (P. Karst.) Baral & G. Marson

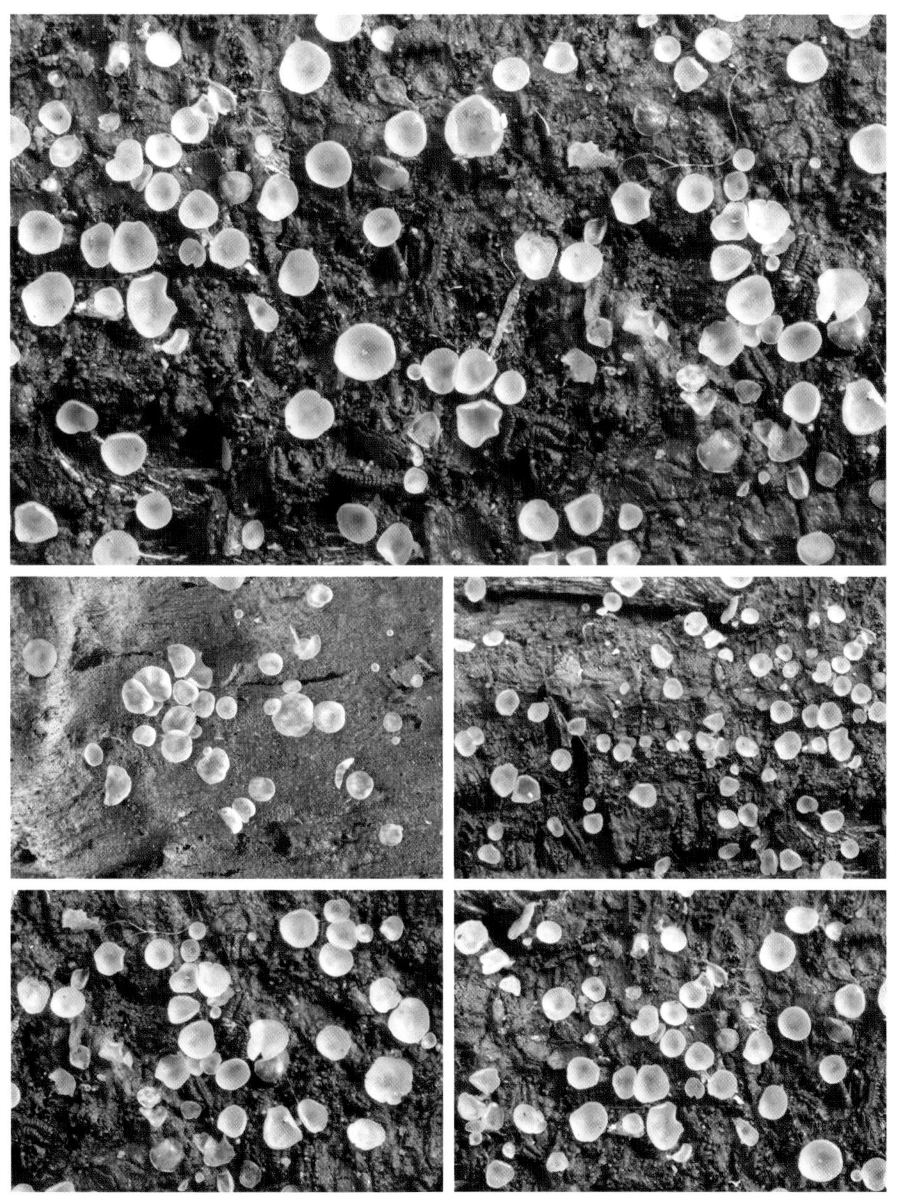

발생 봄부터 가을까지 | 활엽수 축축한 고목이나 줄기 위

특징 자실체는 컵 모양에서 우묵한 접시 모양이 된다. 자실층인 윗면은 반투명한 원에서 성숙하면 옅은 황색 기가 더해지고, 자장자리는 물결 모양이나 갈라지기도 한다.

황금바퀴버섯

바퀴버섯과

Orbilia xanthostigma (Fr.) Fr.

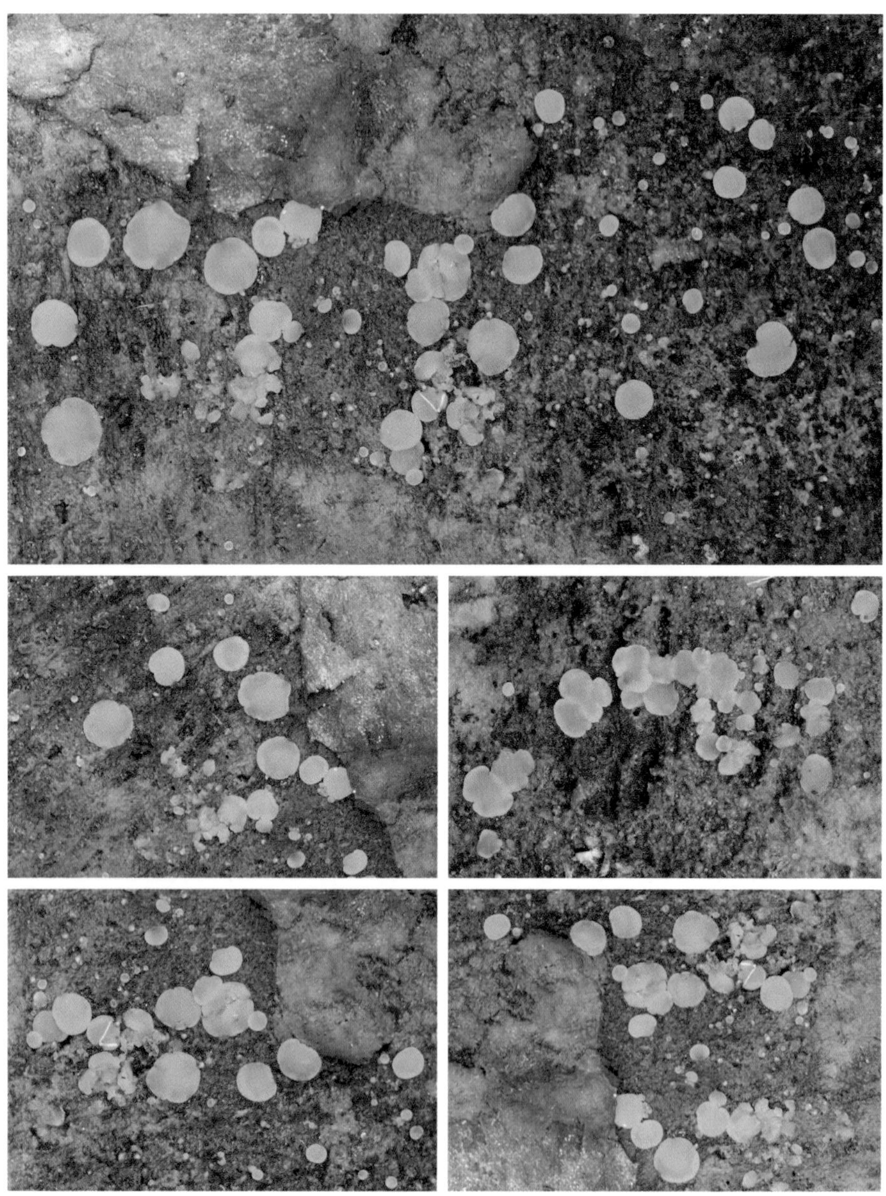

발생 여름 | 축축하고 썩어가는 활엽수 위

특징 자실체는 접시에서 쟁반 모양을 거쳐 편평해진다. 자실층인 윗면은 황금색으로 평평하고 미끄럽다. 가장자리는 약간 암색이 되기도 하며 아랫면은 황금색이다. 자루는 없다.

게딱지마귀곰보버섯

Gyromitra parma (J. Breitenb. & Mass Geest.) Kotl. & Pouzar

발생 봄 | 썩은 활엽수, 이끼 사이, 땅 위

특징 자실체는 어릴 때 원반이나 얕은 컵 모양이다. 자실층인 윗면은 적갈색~황갈색으로 고르지 않고 주름이 잡혀 있다. 아랫면은 연한 갈색이고, 자루는 백색으로 울퉁불퉁하며 파이기도 한다.

곰보버섯

곰보버섯과

Morchella esculenta (L.)Pers.

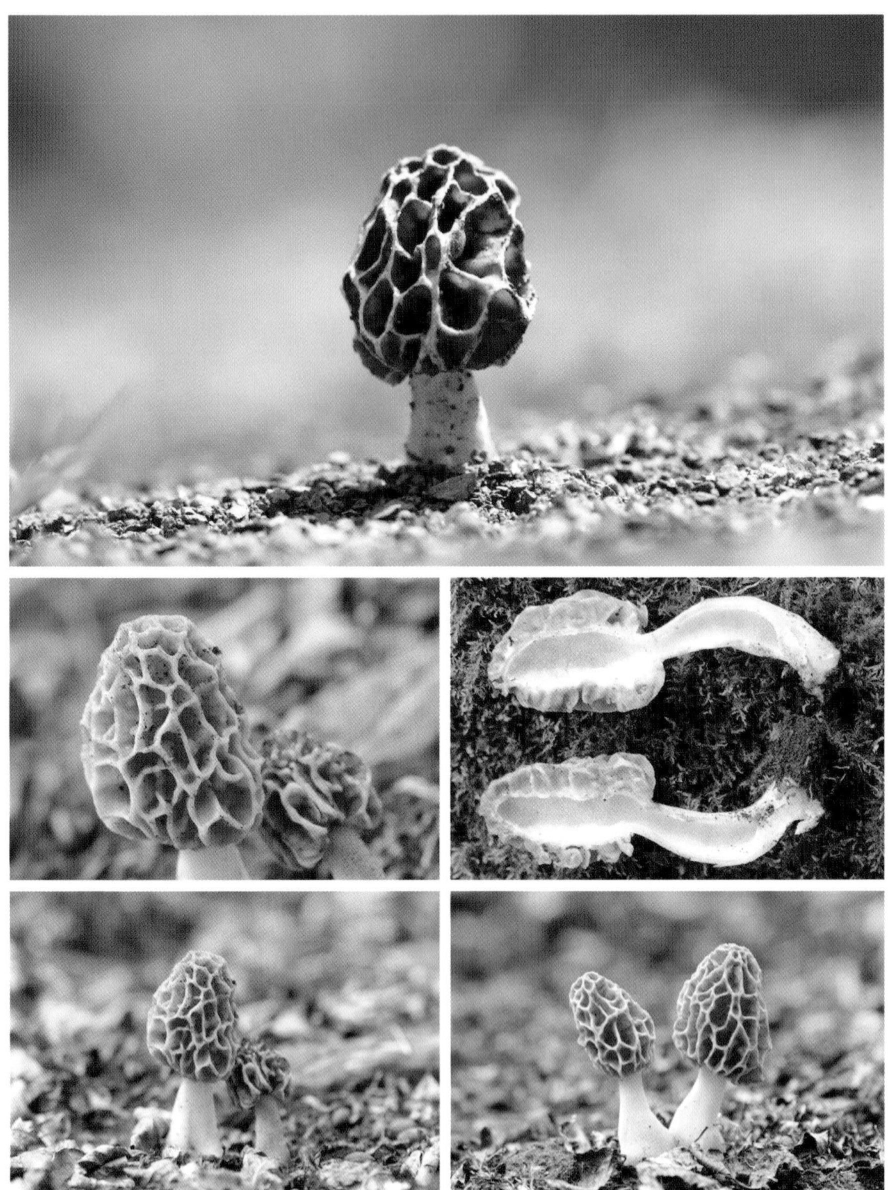

발생 봄 | 은행나무·벚나무 등 주변 땅 위

특징 자실체의 머리는 원뿔형이나 달걀형에 가깝다. 자실층인 위쪽 표면은 흑갈색에서 황갈색을 거쳐 옅은 황갈색으로 변해가고, 다각형이나 그물눈 모양의 홈이 깊다.

국명 미지정 _색시작은입술잔버섯

Microstoma insititium (Berk. & MA Curtis)

발생 여름부터 가을까지 | 활엽수 썩은 줄기 위

특징 자실체는 어릴 때 종지 모양에서 성장하면 자루가 긴 양주잔 모양이 된다. 컵 모양의 몸통 바깥 면은 흰색에서 크림색이고, 가장자리에 머리카락 같은 길고 흰 털이 둘러쳐져 있다.

털작은입술잔버섯

술잔버섯과

Microstoma floccosum (Sacc.) Raitv.

발생 여름부터 가을까지 | 활엽수 죽은 줄기 위

특징 자실체는 입구가 열리지 않은 컵 모양에서 점차 입구가 열리며 양주잔 모양이 된다. 자실층인 윗면은 짙은 홍색~주황색으로 매끄럽다. 가장자리와 바깥 면은 백색의 긴 털이 덮여 있다.

술잔버섯

Sarcoscypha coccinea (Gray) Boud.

발생 늦가을부터 이듬해 봄까지 | 활엽수 썩은 줄기 위

특징 자실체는 둥근 술잔이나 찻잔 모양에서 접시 모양이 된다. 자실층인 윗면은 주홍색에서 적색, 오렌지 적색으로 변해가고 매끄럽다. 바깥 면은 백색의 알갱이 모양 인편과 솜털로 덮여 있다.

다발귀버섯

술잔버섯과

Wynnea gigantea Berk. & M.A. Curtis

발생 여름부터 가을까지 | 숲속 땅 위

특징 자실체는 땅속의 균핵에서 뿌리가 형성되며, 한 개의 자루가 10~20개의 토끼 귀 모양의 자낭반이 된다. 자실층인 안쪽 면은 벽돌색, 적갈색, 황토 갈색이고 바깥 면은 다소 연한 색이다.

기둥안장버섯 _긴대주발버섯

Helvella macropus (Pers.) P. Karst.

발생 여름부터 가을까지 | 침엽수림 · 활엽수림 내의 땅 위

특징 자실체의 머리 부분은 오목한 주발이나 접시 모양이다. 자실층인 윗면은 연한 회색에서 회갈색으로 변해가고, 바깥 면은 융 같은 털로 덮여 있다. 자루는 회색으로 융 같은 털이 덮여 있다.

덧술안장버섯 _덧술잔안장버섯

안장버섯과

Helvella ephippium Lév.

발생 여름부터 가을까지 | 침엽수림·활엽수림 내의 땅 위

특징 자실체의 머리 부분은 접시 모양에서 안장 모양으로 뒤집히고, 오래되면 불규칙하게 뒤틀린다. 자실층인 윗면은 회색에서 짙은 회황색이 되고, 바깥 면은 회색의 융 같은 털로 덮여 있다.

안장버섯 _검은안장버섯

Helvella lacunosa Afzel.

발생 여름부터 가을까지 | 침엽수림·활엽수림, 공원, 풀밭 땅 위

특징 자실체의 머리 부분은 안장 모양이나 불규칙하게 뒤틀린 안장 모양이다. 자실층인 윗면은 회흑색에서 흑갈색을 거쳐 허옇게 바래고 울퉁불퉁하다. 자루에는 세로로 홈이 있다.

흰흑안장버섯

안장버섯과

Helvella leucomelaena (Pers.) Nannf.

발생 봄 | 모래땅, 이끼 낀 모래땅, 정원 등의 땅 위

특징 자실체는 항아리나 단지 모양에서 주발 모양으로 변하고, 오래되면 불규칙한 모양이 된다. 자실층인 윗면은 검은색이 가미된 회갈색에서 흑갈색으로 변하고, 미세한 털로 덮여 있다.

예쁜술잔버섯

Caloscypha fulgens (Pers.) Boud.

발생 봄과 가을 | 침엽수림(소나무, 삼나무) 내의 땅, 썩은 나무 위

특징 자실체는 어릴 때 공 모양에서 위쪽 가운데가 벌어져 요강 모양이 되고, 일그러지면서 불규칙한 컵이나 접시 모양으로 변한다. 자실층인 안쪽은 밝은 황색에서 오렌지 황색이 된다.

방패꼴쟁반버섯

주발버섯과

Pachyella clypeata (Schwein.) Le Gal

발생 봄부터 가을까지 | 활엽수 썩은 줄기 위

특징 자실체의 자낭반은 어릴 때 접시나 방석 모양에서 오래되면 가운데를 향한 주름이 생겨 쭈글쭈글해진다. 자낭반의 표면은 갈색에서 흑갈색으로 변하고, 매끄럽고 윤기가 있다.

들주발버섯

Aleuria aurantia (Pers.) Fuckel

발생 여름부터 가을까지 | 숲속, 길가, 임도 등의 모래땅 위

특징 자실체는 주발 모양에서 성숙하면 접시 모양이 됐다가 편평해지거나 물결 모양이 된다. 자실층인 윗면은 주황색으로 매끄럽고, 바깥 면은 주황색 바탕에 백색의 가루 같은 털로 덮여 있다.

주머니째진귀버섯

털접시버섯과

Otidea alutacea (Pers.) Massee

발생 여름부터 가을까지 | 숲속의 부엽토 위

특징 자실체는 세로로 길게 열려 있는 동물의 째진 귀 모양이다가 성숙하면 불규칙한 물결 모양이나 찌그러진 모양이 된다. 자실층인 윗면은 연한 갈색, 회갈색, 갈색을 띠며 평평하고 미끄럽다.

침접시버섯

Scutellinia erinaceus (Schwein.) Kuntze

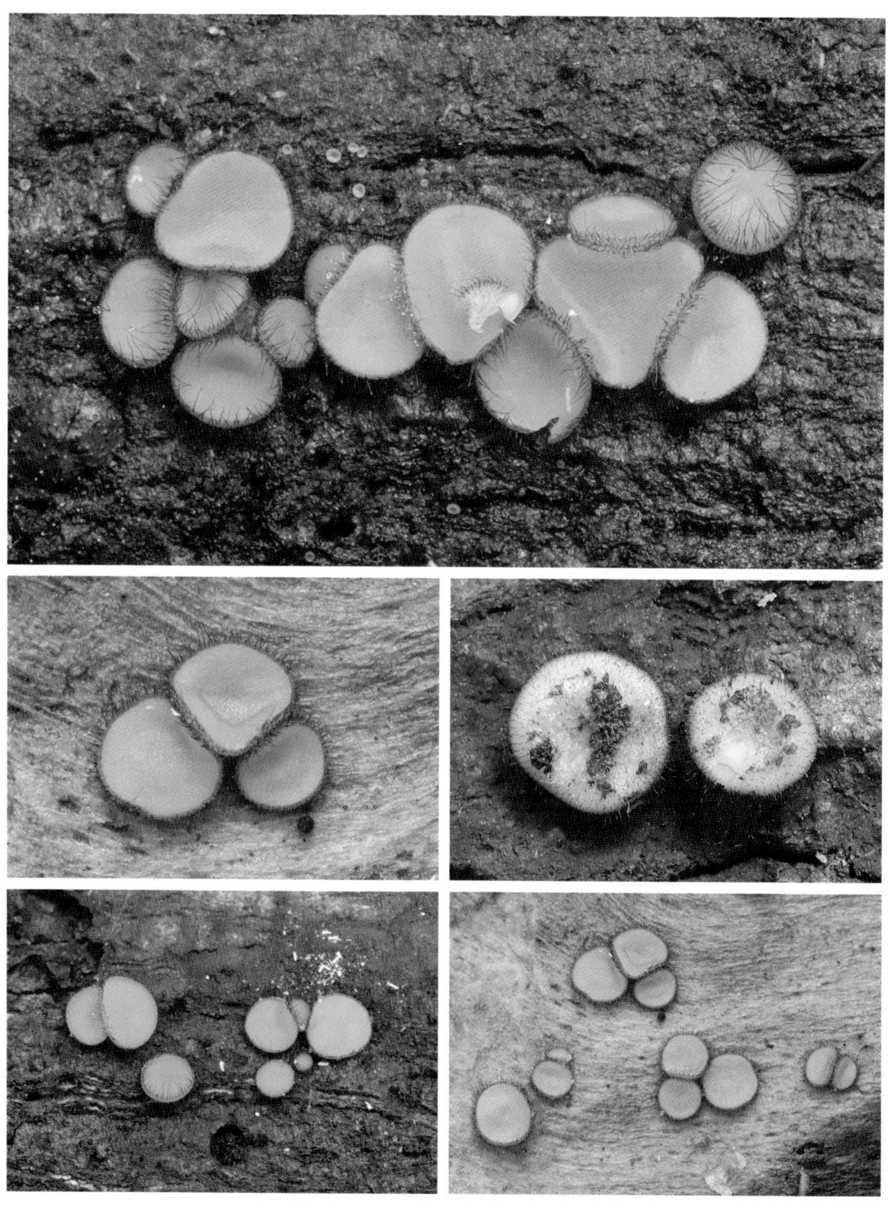

발생 봄부터 초겨울까지 | 쓰러진 축축한 활엽수 줄기 위

특징 자실체는 얕은 컵이나 접시 모양에서 성숙하면 편평해진다. 자실층인 윗면은 오렌지 황색으로 매끄럽다. 가장자리에 긴 털이 울타리처럼 나 있다. 바깥 면에는 짧은 털이 덮여 있다.

털잔버섯

털접시버섯과

Trichophaea gregaria (Rehm.) Boud.

발생 봄부터 가을까지 | 숲속의 습한 토양이나 불에 탄 곳 위

특징 자실체는 반원이나 사발 모양에서 쟁반 모양으로 변해간다. 자실층인 윗면은 회백색, 연한 회색이며, 가장자리는 섬유상 털로 덮여 있다. 바깥 면에는 어두운 갈색의 털로 덮여 있다.

백강균

Beauveria bassiana (Balas.) Vuill.

발생 여름부터 가을까지 | 각종 곤충의 몸 위

특징 자실체는 불완전 세대 분생자형으로 하늘소, 사마귀, 매미, 메뚜기, 딱정벌레 등 각종 곤충에 침입해 기주 표면에 백색의 분생포자를 형성한다. 곤충의 몸에 백색의 가루가 덮인 모양을 이룬다.

나방꽃동충하초 _눈꽃동충하초

동충하초과

Isaria japonica Yasuda

발생 여름부터 가을까지 | 나비목의 번데기 고치에 기생

특징 자실체는 2~15개의 자루가 불규칙적으로 갈라져 가지 모양을 이룬다. 머리 부분은 번식할 수 없는 무성 포자인 백색의 가루로 덮인다. 자루는 연한 황색으로 약간 눌린 모양이다.

매미꽃동충하초 _매미나방꽃동충하초

Isaria sinclairii (Berk.) Lloyd

발생 여름 | 숲속 매미 종류의 번데기나 애벌레에 기생

특징 자실체의 머리 부분은 긴 타원형이나 긴 방추형이며, 백색에서 연한 백황색으로 변해가는 가루 모양의 분생포자로 덮여 있다. 자루는 연한 갈색이나 오렌지 황색으로 원기둥 모양이다.

동충하초

동충하초과

Cordyceps militaris (L.) Fr.

발생 여름부터 가을까지 | 나비목 번데기나 애벌레에 기생

특징 자실체는 곤봉 모양으로 머리 부분은 원기둥, 방추형이며 오렌지 황색에서 오렌지색으로 변해간다. 자낭각은 표면보다 짙은 색으로 다소 둥글고 약간 돌출되어 있다. 자루는 원기둥 모양이다.

붉은동충하초

동충하초과

Cordyceps roseostromata Kobayasi & Shimizu

발생 여름 | 숲속 딱정벌레목의 애벌레에 기생

특징 자실체의 머리 부분은 타원형, 원기둥 모양으로 적색을 띤다. 자낭각은 삼각뿔 모양으로 돌출되어 있다. 자루는 원기둥 모양이다. 기부에는 백색의 가는 뿌리 모양의 균사속이 기주와 연결된다.

가는기생동충하초

잠자리동충하초과

Ophiocordyceps gracilioides (Kobayasi) G.H. Sung, J.M. Sung.

발생 여름 | 숲속 딱정벌레목의 애벌레에 기생

특징 자실체의 머리 부분은 공 모양으로 황갈색에서 보라색이 도는 연한 갈색이 된다. 자낭각은 표면보다 진한 색의 구멍이 미세한 점 모양으로 조밀하게 분포한다. 자루는 원기둥 모양이다.

긴뿌리기생동충하초 _긴뿌리포식동충하초

Ophiocordyceps longissima (Kobayasi) G.H. Sung, J.M. Sung.

발생 여름부터 가을까지 | 매미의 번데기에 기생

특징 자실체는 땅속 매미의 번데기에서 나온다. 자루에서 가지가 나와 약간 굵고 긴 곤봉 모양이 된다. 머리 부분은 홍색이다가 담갈색으로 변해간다. 자루는 가늘고 굴곡이 심하다.

노린재기생동충하초 _노린재포식동충하초

잠자리동충하초과

Ophiocordyceps nutans (Pat.) G.H. Sung, J.M. Sung.

발생 여름부터 가을까지 | 숲속 노린재목의 곤충에 기생

특징 자실체의 머리 부분은 긴 타원형이고 적색에서 주황색으로 변해간다. 자낭각은 표면보다 짙은 색으로 점 모양으로 조밀하게 분포한다. 자루는 다소 굴곡이 있는 철사 모양이다.

균핵동충하초 _갈색균핵동충하초

Tolypocladium ophioglossoides (J.F. Gmel.) C.A. Quandt, Kepler.

발생 여름부터 가을가지 | 숲속 땅에 묻힌 균핵에 발생

특징 자실체의 머리 부분은 타원형이나 긴 타원형으로 황갈색에서 적갈색을 거쳐 회흑색~흑색으로 변해간다. 자낭각은 미세한 점 모양으로 돌출되어 조밀하게 분포한다. 자루는 원기둥 모양이다.

원추혹보리수버섯

알보리수버섯과

Neonectria coccinea (Pers.) Rossman & Samuels

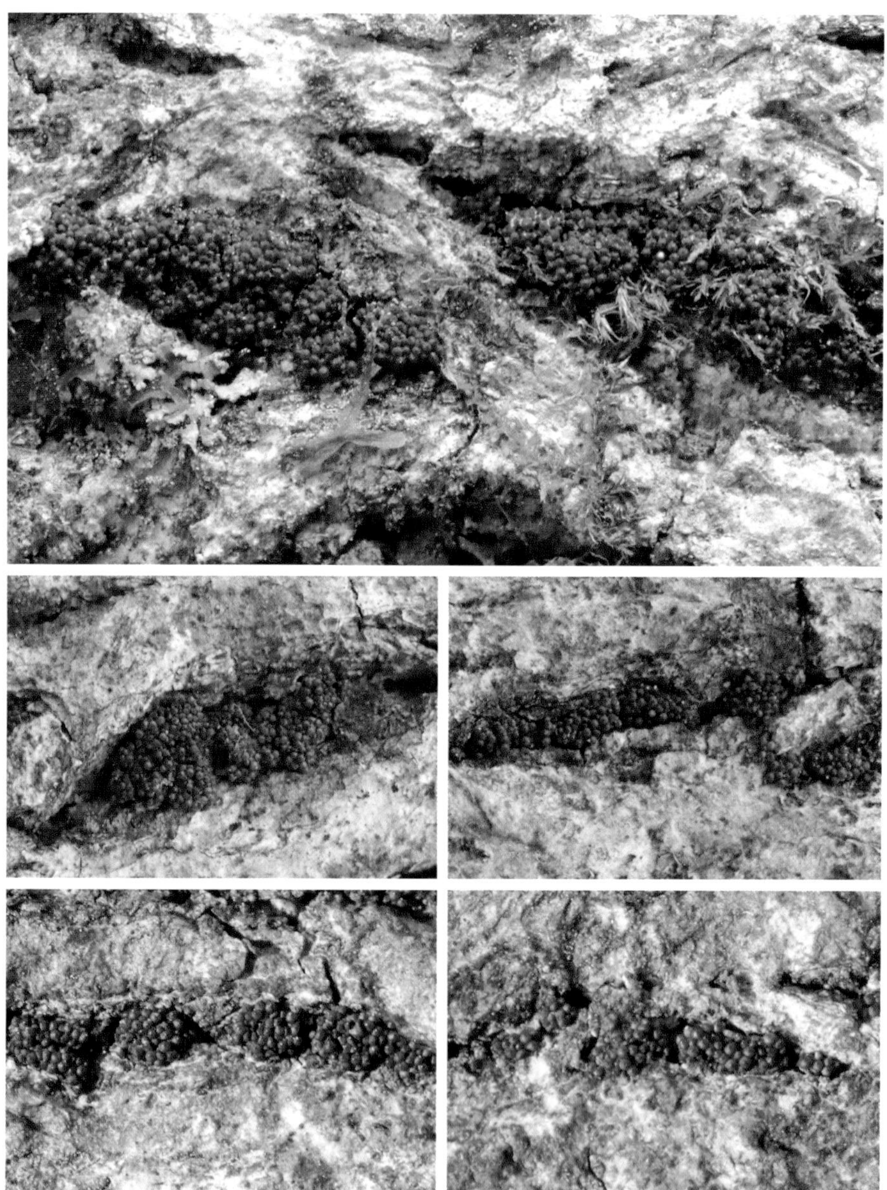

발생 연중 | 활엽수 죽은 줄기나 가지 위

특징 자실체는 물고기 알 모양이다. 표면은 투명한 느낌에 평평하고 미끄럽고, 알 모양의 자낭각 표면은 거칠고 주홍색에서 적갈색으로 변해간다. 가운데는 진한 색의 젖꼭지 모양으로 돌출된다.

황갈색속버섯(황분균)

Hypomyces chrysospermus Tul. & C. Tul.

발생 여름부터 가을까지 | 그물버섯류 위

특징 황갈색속버섯균이 그물버섯류에 침투하여 2단계로 진행된다. 1단계는 백색으로 숙주 전체를 덮고 황색에서 황금색으로 변해간다. 2단계는 자낭각을 만들고 황색에서 적갈색으로 변해간다.

귀두속버섯

점버섯과

Hypomyces hyalinus (Schw.) Tul. & C. Tul

발생 여름부터 가을까지 | 주로 광대버섯류의 자실체 위

특징 자실체는 귀두가 있는 남근 모양이다. 광대버섯류에 속버섯속의 균이 침입해 기형으로 성장한다. 표면은 미세한 솜 찌꺼기 모양이나 알갱이 모양의 자낭각으로 덮여 있다.

끈적점버섯 _끈적점액버섯

Hypocrea gelatinosa (Tode) Fr.

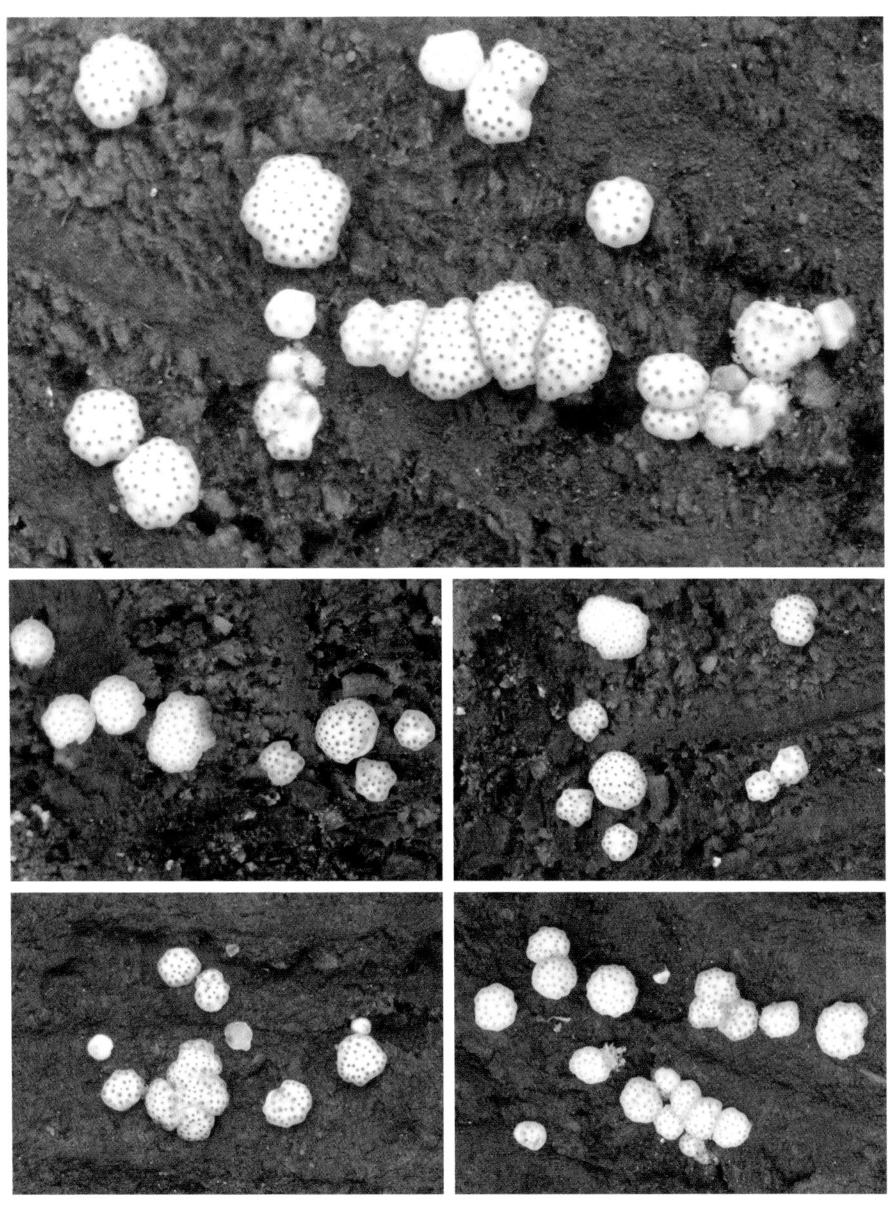

발생 봄부터 가을까지 | 축축하고 썩은 활엽수 위

특징 자실체는 공 모양이나 알갱이 모양이다. 표면은 연한 황색에서 녹황색으로 변해가며 바탕에 자낭각 구멍인 녹색의 작은 점이 조밀하게 덮여 있다. 자낭각은 성장하면서 약간 돌출된다.

말뚝사슴뿔버섯

점버섯과

Podostroma solmsii (E. Fisch.) S. Imai

발생 가을 | 말뚝버섯의 유균(알)에 기생

특징 자실체는 말뚝버섯의 유균에 기생하는 균으로, 불규칙한 곤봉 모양이나 원기둥 모양이다. 허연색~베이지색에서 성장하면 회적색~오렌지 갈색으로 변해간다. 표면에 미세한 돌기가 있다.

붉은사슴뿔버섯

점버섯과

Trichoderma cornu-damae (Pat.) Z.X. Zhu & W.Y. Zhuang

발생 여름부터 가을까지 | 활엽수 썩은 줄기 위

특징 자실체는 어릴 때는 한 개의 뿔 같은 모양이 성숙하면서 갈라져 사슴뿔이나 닭볏 모양이 된다. 표면은 적색~주황색으로 매끄럽다. 맹독성 버섯이다.

노란점버섯균 _노란점버섯

점버섯과

Trichoderma citrinum (Pers.) Jaklitsch, W. Gams & Voglmayr

발생 가을 | 활엽수 죽은 줄기 위

특징 배착생으로 작은 덩어리 모양이 점차 자라면서 기주에 넓게 퍼져 나간다. 표면은 굴곡이 있으며 크림색에서 연한 레몬색이나 황색으로 변해간다. 가장자리는 불규칙한 모양으로 백색이다.

푸른점버섯균 _점버섯

Trichoderma viride Pers.

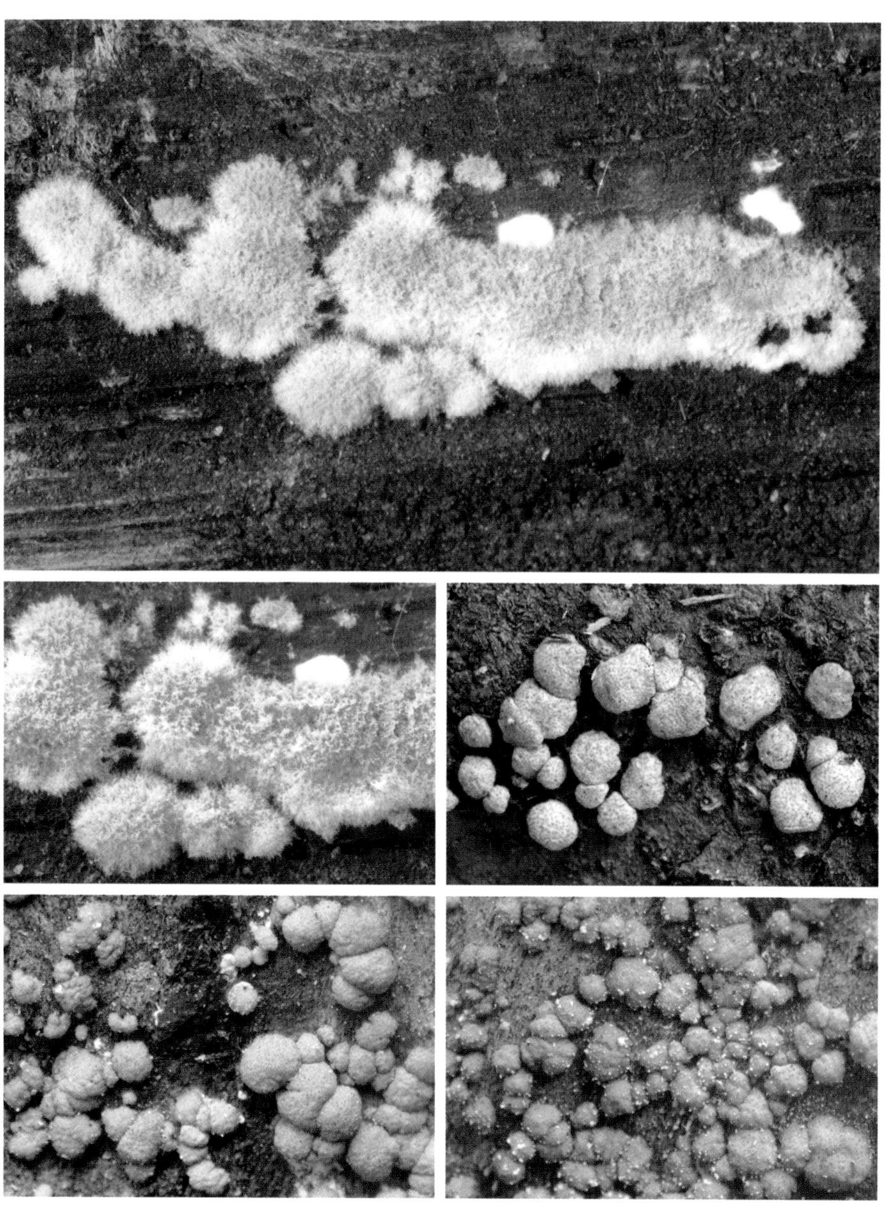

발생 여름부터 가을까지 | 고목, 썩은 나무, 나무껍질 위

특징 불완전균류인 푸른점버섯균은 백색이다가 점차 황록색이 되고, 가장자리는 백색을 띤다. 완전균류인 점버섯은 적갈색 또는 황갈색 바탕에 점 모양의 자낭각 구멍이 조밀하게 분포되어 있다.

밤나무줄기마름병균

Cryphonectriaceae

Cryphonectria parasitica (Murrill) M.E. Barr

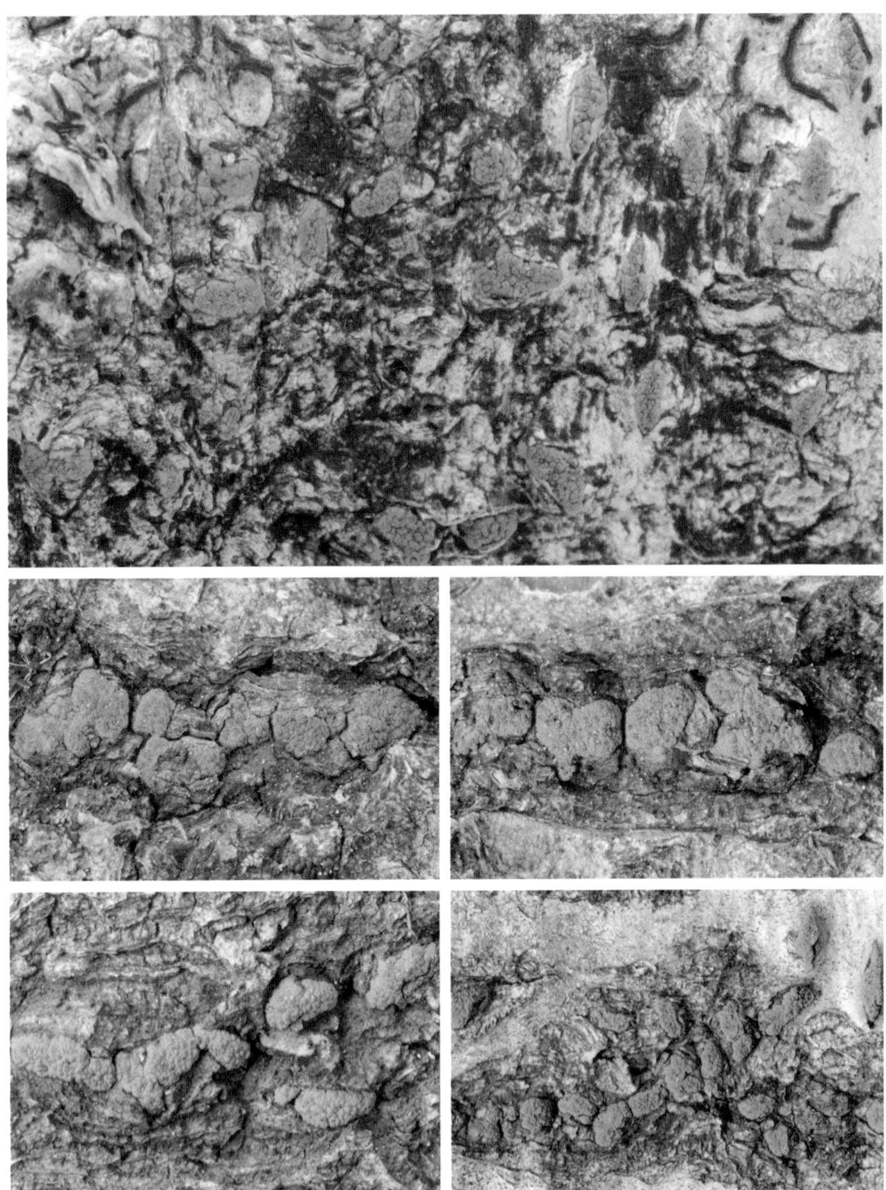

발생 연중 | 살아 있거나 죽은 활엽수(주로 참나무과) 줄기 위

특징 자실체는 작은 덩어리 모양으로 나무껍질을 뚫고 발생해 무리를 이룬다. 표면은 주황색~황갈색을 띠고 평평하고 미끄럽다가, 성숙하면 검은색의 자낭각이 돌출되어 여러 개의 돌기로 덮인다.

검은점버섯

검은점버섯과

Camarops polysperma (Mont.) J. H. Miller

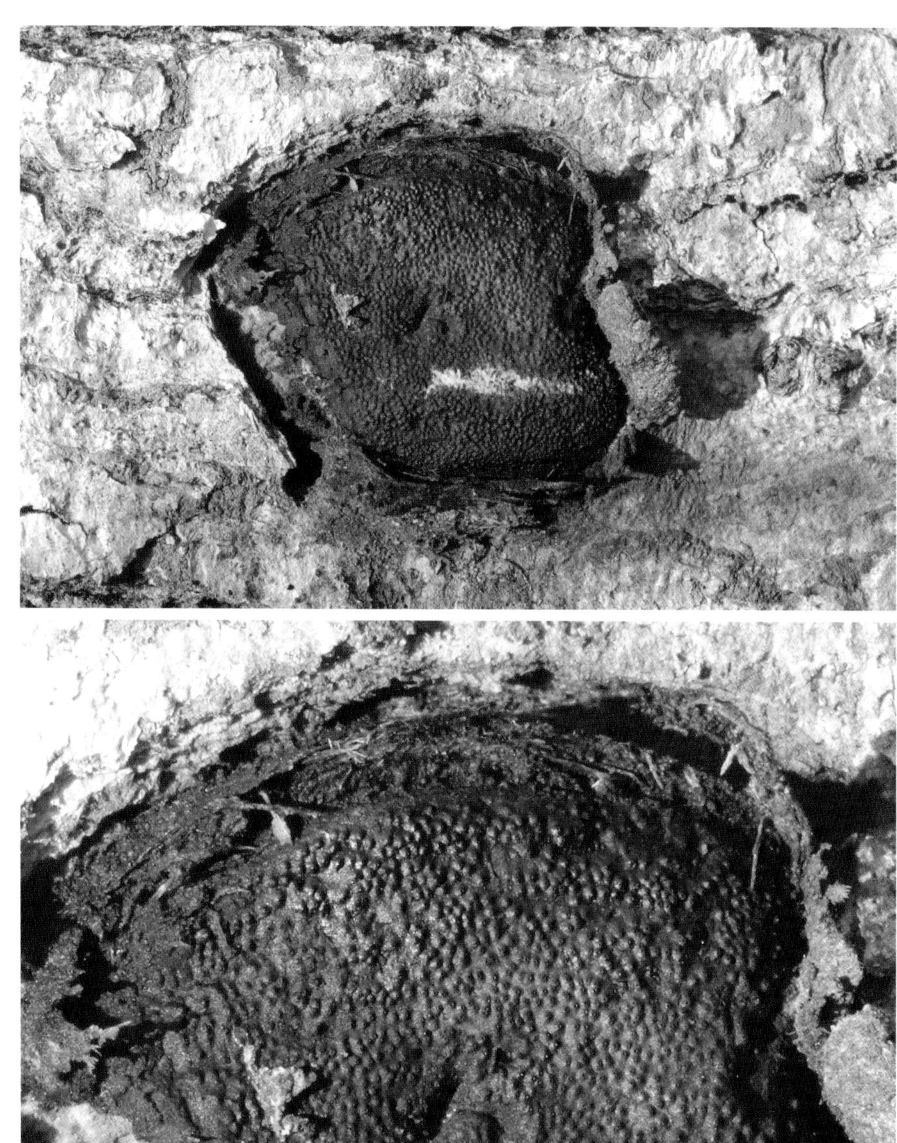

발생 연중 | 살아 있거나 죽은 활엽수(참나무) 줄기나 가지

특징 자실체는 두툼한 타원형으로 표면이 흑색이고, 자낭각 구멍이 약간 돌출한다. 자낭각 껍질은 상부가 가늘어지고 원기둥 모양이다. 내부는 거의 전체가 자낭각으로 채워진 재목색이다.

방콩버섯

Daldinia vernicosa Ces. & De Not.

발생 여름부터 가을까지 | 활엽수 죽은 줄기나 가지 위

특징 자실체는 반원이나 찌그러진 공, 혹 같은 모양으로, 콩버섯과 모양이 거의 같다. 자좌도 콩버섯과 동일하나 콩버섯에 비해 크기는 다소 작고 밑동이 대 모양으로 긴 편이다.

콩버섯

팥버섯과

Daldinia concentrica (Bolton) Ces. & De Not.

발생 여름부터 가을까지 | 활엽수 죽은 줄기나 가지 위

특징 자실체는 반원이나, 찌그러진 공, 혹 같은 모양이다. 자좌는 회색에서 갈색, 적갈색이다가 오래되면 흑색으로 변한다. 자낭각의 포자 방출 구멍이 작은 점으로 미세하게 도드라진다.

당귀야자버섯 _땅콩버섯

팥버섯과

Glaziella splendens (Berk. & M.A.Curtis) Berk.

발생 여름부터 가을까지 | 활엽수 썩은 줄기 위

특징 자실체는 공이나 불규칙한 공 모양이다. 표면은 밝은 황색에서 황색을 거쳐 황토 갈색으로 변하고, 상처가 나면 진한 오렌지색이 된다. 내부에는 당귀 냄새가 나는 젤라틴질이 들어 있다.

방석팥버섯

Hypoxylon rutilum Tul. & C. Tul.

발생 연중 | 활엽수(참나무 등) 죽은 줄기나 가지 위

특징 자실체는 불분명한 돌출이 있는 편평한 모양, 불규칙한 방석 모양 등 다양하다. 자좌는 적갈색인데 탁한 황갈색, 짙은 벽돌색일 때도 있다. 성장할 때 가장자리는 밝은 오렌지색~밝은 갈색이다.

애기붉은팥버섯

팥버섯과

Hypoxylon howeanum Peck

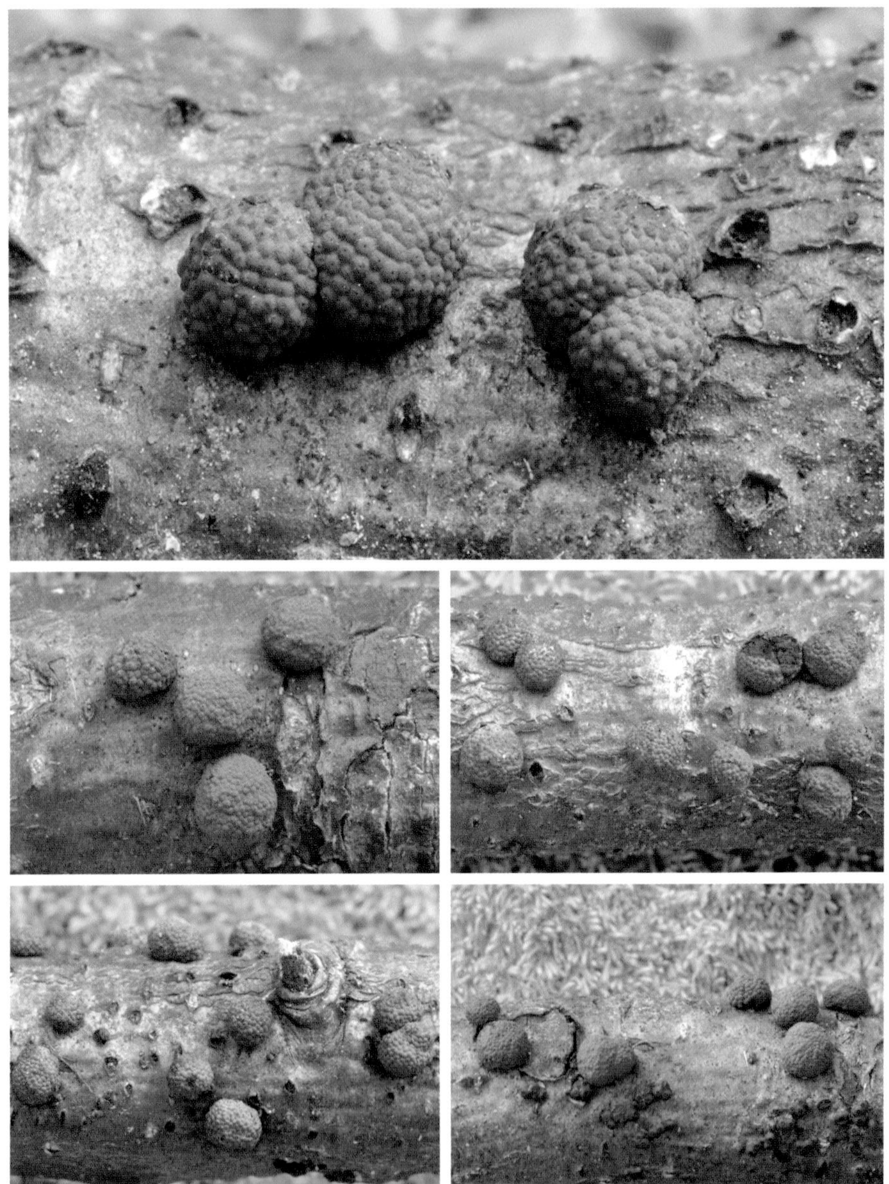

발생 연중 | 활엽수 죽은 줄기나 가지 위

특징 자실체는 기부가 기질에 좁게 붙어서 반원이나 원에 가까운 모양이다. 자좌의 표면은 밝은 적갈색으로 약간 불규칙적으로 돌기가 있다. 자좌의 살(조직)은 흑갈색으로 목탄 같은 질감이다.

팥죽팥버섯 _갈색방석꼬투리버섯

Hypoxylon rubiginosum (Pers.) Fr.

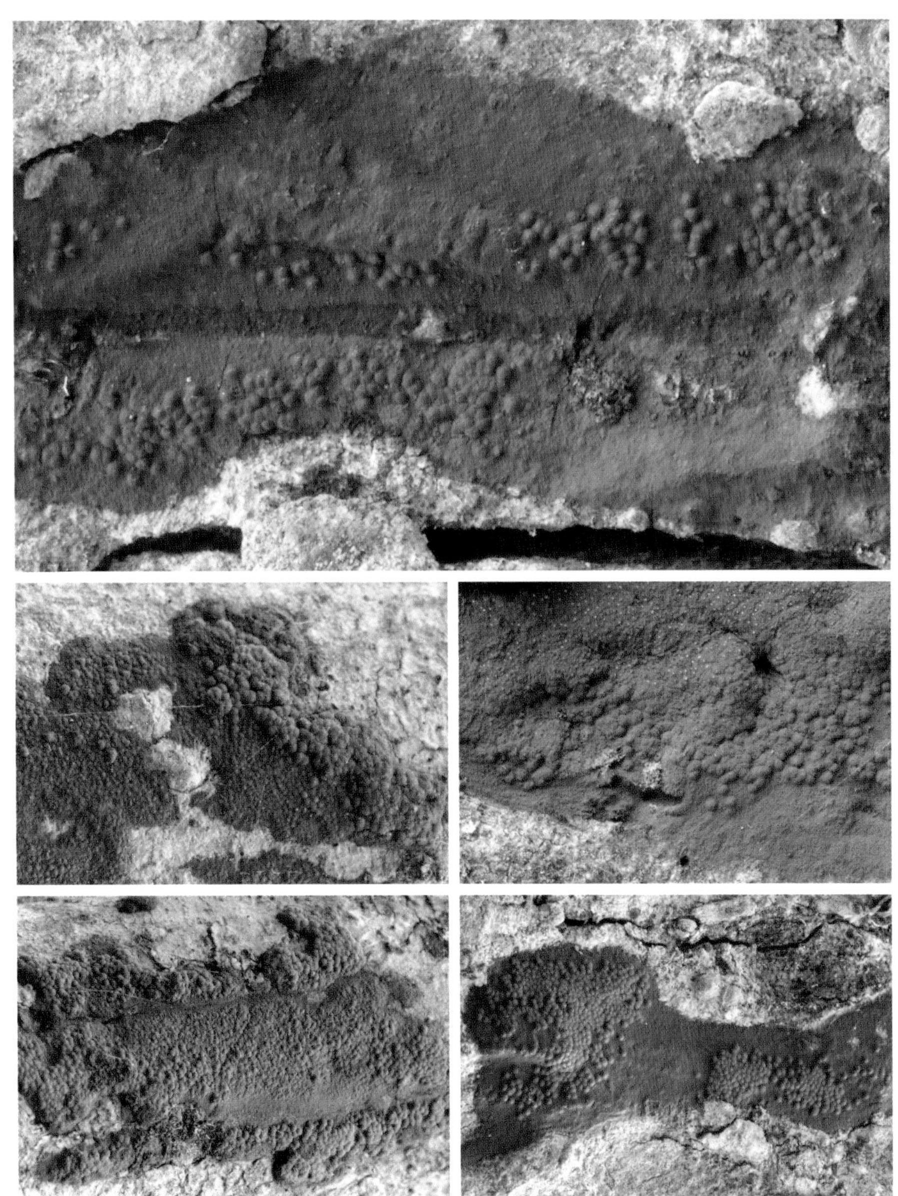

발생 연중 | 활엽수 죽은 줄기나 가지 위

특징 자실체는 자낭각이 합쳐져서 불규칙한 방석 모양으로 넓게 퍼져 나간다. 자좌는 붉은 벽돌색, 적자색, 암갈색, 황토 갈색으로 둥근 자낭각이 서로 붙은 모양이어서 올록볼록한 돌기가 있다.

다형빵팥버섯 _다형팥버섯

팥버섯과

Annulohypoxylon multiforme (Fr.) Y. Ju, J. Rog. & H. Hsieh

발생 연중 | 활엽수(참나무, 자작나무 등) 죽은 줄기나 가지 위

특징 자실체는 균사 덩어리인 자좌가 무리를 이뤄 발생한다. 자좌는 일정하지 않은 둔덕 모양으로 갈색~흑갈색에서 흑색으로 변해간다. 표면은 울퉁불퉁하고 작은 점이 많다.

껍질방석꼬투리버섯 _껍질고약방석버섯

콩꼬투리버섯과

Kretzschmaria deusta (Hoffm.) Martin

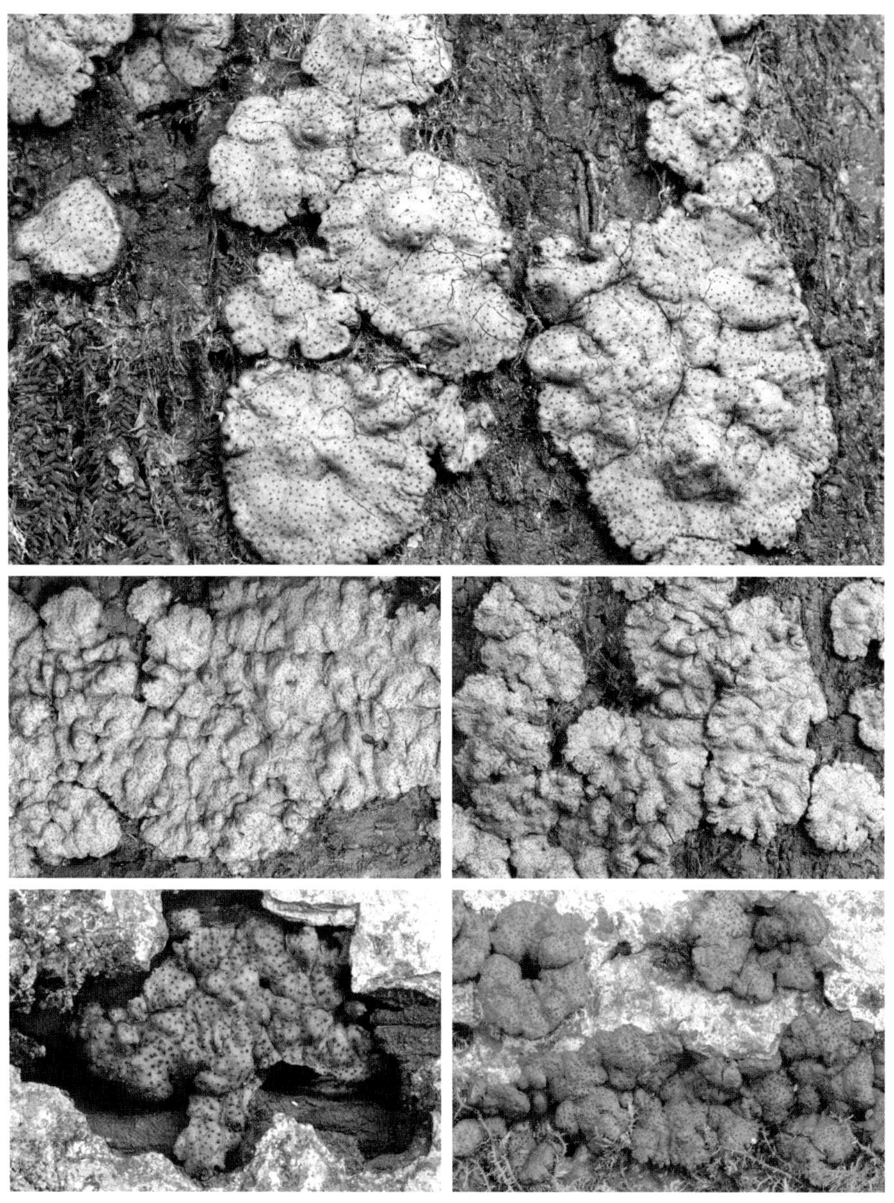

발생 봄부터 가을까지 | 살아 있거나 죽은 활엽수 그루터기, 줄기 위

특징 자실체는 불규칙한 방석 같은 모양으로 넓게 퍼져 나간다. 표면은 울퉁불퉁하고 물결 모양을 이룬다. 분생자 시기에는 회색에서 회갈색으로 변해가며, 나중에 전체가 흑색이 된다.

실콩꼬투리버섯

콩꼬투리버섯과

Xylaria filiformis (Alb. & Schw.) Fr.

발생 여름부터 가을까지 | 낙엽, 풀, 양치류 죽은 줄기 위

특징 자실체의 표면은 분생자 시기에는 백색 가루 모양의 분생자로 덮여 있다가 떨어지면 흑색을 띠며 꼭대기 부분은 오렌지 갈색이다. 자낭각이 형성되는 시기에는 전체가 갈색, 흑갈색이 된다.

긴발콩꼬투리버섯

Xylaria longipes Nitschke

발생 봄부터 가을까지 | 활엽수 죽은 줄기나 가지 위

특징 자실체는 방망이 모양으로 위쪽은 연한 갈색, 아래는 흑갈색이다. 자낭각이 형성되면 표면이 거칠어지고 미세한 점 모양의 돌기가 촘촘하게 분포한다. 자루는 미세한 털로 덮여 있다.

다형콩꼬투리버섯

콩꼬투리버섯과

Xylaria polymorpha (Pers.) Grev.

발생 봄부터 가을까지 | 활엽수 썩은 그루터기, 줄기 위

특징 자실체는 가운데가 뚱뚱하고 불규칙한 곤봉 모양, 짧은 방망이 모양이다. 표면은 위쪽이 연한 갈색, 아래쪽이 흑색이다. 자낭각이 발달하면 표면이 울퉁불퉁해지고 사마귀 모양 돌기가 형성된다.

국내 미기록종*

* 국내 미기록종의 우리 명칭은 정식 국명이 아니고 임시명입니다.

국명 미지정(노란대광대버섯 유사종)

광대버섯과

Amanita cf. flavipes S. Imai

발생 여름부터 가을까지 | 침엽수림 · 혼합림 내의 땅 위

특징 노란대광대버섯(*Amanita flavipes*) 유사종. 갓은 암회색에서 회갈색으로 변하고 미세한 섬유상이며, 황색의 외피막 조각이 덮여 있다. 기부는 부풀어 있고 턱받이는 백색의 얇은 막질이다.

머들광대버섯(임시명)

Amanita concentrica T. Oda, C. Tanaka & Tsuda

발생 여름 | 상록활엽수림 내의 땅 위

특징 갓은 백색에서 황백색으로 표면에 옅은 갈색의 뿔 모양 돌기가 빽빽하게 붙어 있다. 주름살은 백색이고 자루는 솜털 같은 인편이 붙어 있다. 기부는 구근 모양이고 젖혀진 돌기가 고리 모양을 이룬다.

분홍주름광대버섯(임시명)

Amanita incarnatifolia Zhu L. Yang

발생 여름부터 가을까지 | 혼합림 내의 땅 위

특징 갓은 가운데가 갈색이고 바깥쪽은 회갈색에서 옅은 색이 되며, 가장자리에는 방사상의 홈이 있다. 주름살은 연한 분홍색에서 분홍색이 가미된 백색으로 변해가고 떨어져 붙은 모양이다.

솜털부패광대버섯(임시명)

Saproamanita flavofloccosa (Nagas & Hongo) redhead, Vizzini,

발생 여름부터 가을까지 | 숲속 땅 위

특징 갓은 황색 바탕에 밝은 오렌지색에서 회황갈색으로 변해가며, 솜 찌꺼기 모양의 인편이 덮여 있다. 주름살은 백색에서 크림색~연한 황색이 되고, 상처가 나면 갈색으로 변한다.

골진갓끈적버섯(임시명)

끈적버섯과

Cortinarius corrugatus Peck

발생 여름부터 가을까지 | 혼합림(너도밤나무) 내의 땅 위

특징 갓은 주황색~갈색에서 적갈색 또는 황갈색으로 변하고, 신선할 때는 끈적거리지만 곧 건조해진다. 갓의 중앙을 제외하고 뚜렷한 주름이 있다. 주름살은 옅은 보라색에서 갈색으로 변해간다.

흰바구니낙엽버섯(임시명)

Chaetocalathus craterellus (Durieu & Lév.) Singer

발생 여름부터 가을까지 | 활엽수 죽은 가지 위

특징 갓은 백색이며 가운데는 크림색으로 좀 더 짙은 색을 띠고, 비단결같이 미세한 섬유로 덮여 있다. 주름살은 백색에서 연한 크림색이 되고, 바르게 붙은 모양이 방사상으로 퍼져 나간다.

풍요낙엽버섯(임시명)

Marasmius opulentus Har. Takah.

발생 여름부터 가을까지 | 활엽수림 낙엽 위

특징 갓은 벨벳 같은 질감으로 짙은 주황색에서 주황색~오렌지색이 된다. 주름살은 백색으로 떨어져 붙은 모양이며, 간격이 약간 촘촘하고 연결 주름살이 있다. 자루는 철사 모양이다.

요철눈물버섯(임시명)

Psathyrella delineata (Peck) Smith.

발생 봄부터 가을까지 | 활엽수 그루터기, 썩은 줄기 위

특징 갓은 적갈색으로 건조할 때는 황갈색~황토색이 되고 주름져 있으며, 피막 조각이 오랫동안 붙어 있다. 주름살은 옅은 갈색에서 암갈색으로 변해가고, 바르게 붙은 모양이며 간격이 촘촘하다.

붉은귀버섯(임시명)

땀버섯과

Crepidotus cinnabarinus Peck.

발생 여름부터 가을까지 | 활엽수 그루터기, 썩은 줄기 위

특징 갓은 반원형, 부채 모양으로 표면은 밝은 주황색, 적색이며 매트 같은 질감으로 가장자리에 긴 털이 덮여 있다. 주름살은 올려 붙은 모양이며 간격이 촘촘하다. 자루는 짧고 옆으로 치우쳐 난다.

탐라요정버섯(임시명)

Simocybe haustellaris (Fr.) Watling

발생 여름 | 활엽수 죽은 줄기 위

특징 갓은 부채꼴이고 표면은 연한 황갈색에 매끄럽고, 방사상의 줄무늬가 나타난다. 주름살은 크림색에서 갈색으로 변해가고, 끝에 붙은 모양이며 간격이 성기다. 자루는 옆으로 치우쳐 난다.

삼나무닮은선녀버섯(임시명)

뽕나무버섯과

Gloiocephala cryptomeriae Nagasawa

발생 여름부터 가을까지 | 침엽수(삼나무) 죽은 줄기나 가지 위

특징 갓은 백색으로 성장하면서 갈색 기가 생기고 굴곡지거나 주름져 있다. 주름살은 백색으로 바르게 붙은 모양이며, 간격이 성기고 연결 주름살이 있다. 자루는 기부 쪽부터 갈색으로 변한다.

모래선녀버섯(임시명)

솔밭버섯과

Marasmiellus mesosporus Singer

발생 여름부터 가을까지 | 백사장 사초과 식물의 마른 줄기나 잎 위

특징 갓은 분홍색이 가미된 베이지색에서 황토색으로 변해가고 섬유상이다가 밋밋해진다. 주름살은 분홍색이 가미된 베이지색에서 황토색이 되고, 바르게 붙은 모양으로 간격이 성기다.

구실잣밤송이(임시명)

송이과

Tricholoma fulvocastaneum Hongo

발생 가을 | 활엽수림(구실잣밤나무) 내의 땅 위

특징 갓은 어릴 때 적갈색으로 성장하면서 갈라져 백색 바탕이 드러나고, 적갈색의 조각난 섬유상 인편으로 남는다. 주름살은 백색으로 올려 붙은 모양이며 간격이 촘촘하다. 턱받이는 솜털 모양이다.

솔방울애주름버섯(임시명)

Mycena seynesii Quél

발생 여름부터 가을까지 | 침엽수림(소나무) 내의 솔방울 위

특징 갓은 옅은 회색, 갈색, 밝은 분홍색으로 가장자리에 방사상의 선이 나타난다. 주름살은 흰색, 분홍색으로 바르게 붙은 모양이며 간격이 약간 성기다. 기부에 백색의 균사가 붙어 있다.

뱀밀고약버섯(임시명)

당고약버섯과

Ceraceomyces serpens (Tode) Ginns

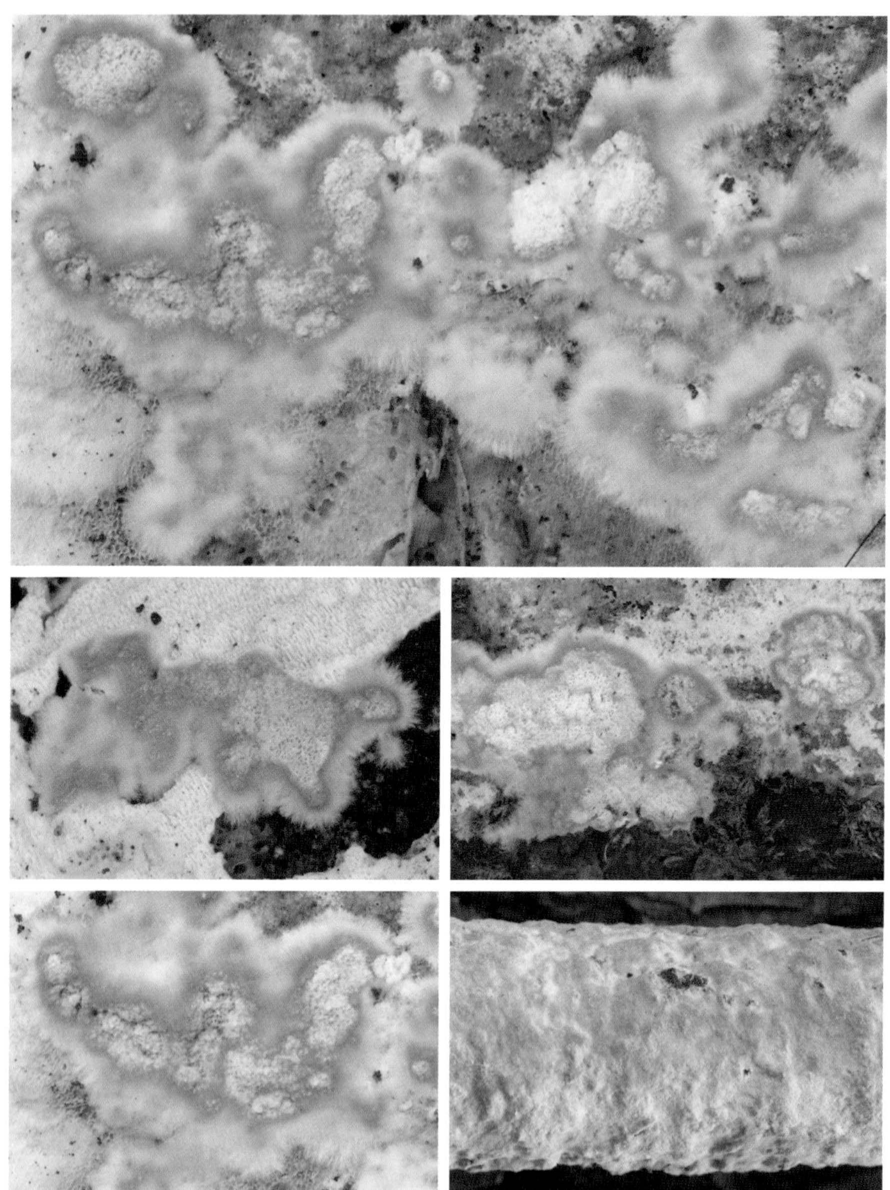

발생 연중 | 침엽수 죽은 줄기나 가지 위

특징 자실체는 배착생으로 표면은 어릴 때 백색인데, 부분적으로 분홍색을 띠다가 성숙하면서 크림색~백황색으로 변해간다. 미세한 그물 무늬같이 주름지며, 성장할 때 가장자리는 솜털 모양이다.

주름밀고약버섯(임시명)

Ceraceomyces tessulatus (Cooke) Jülich

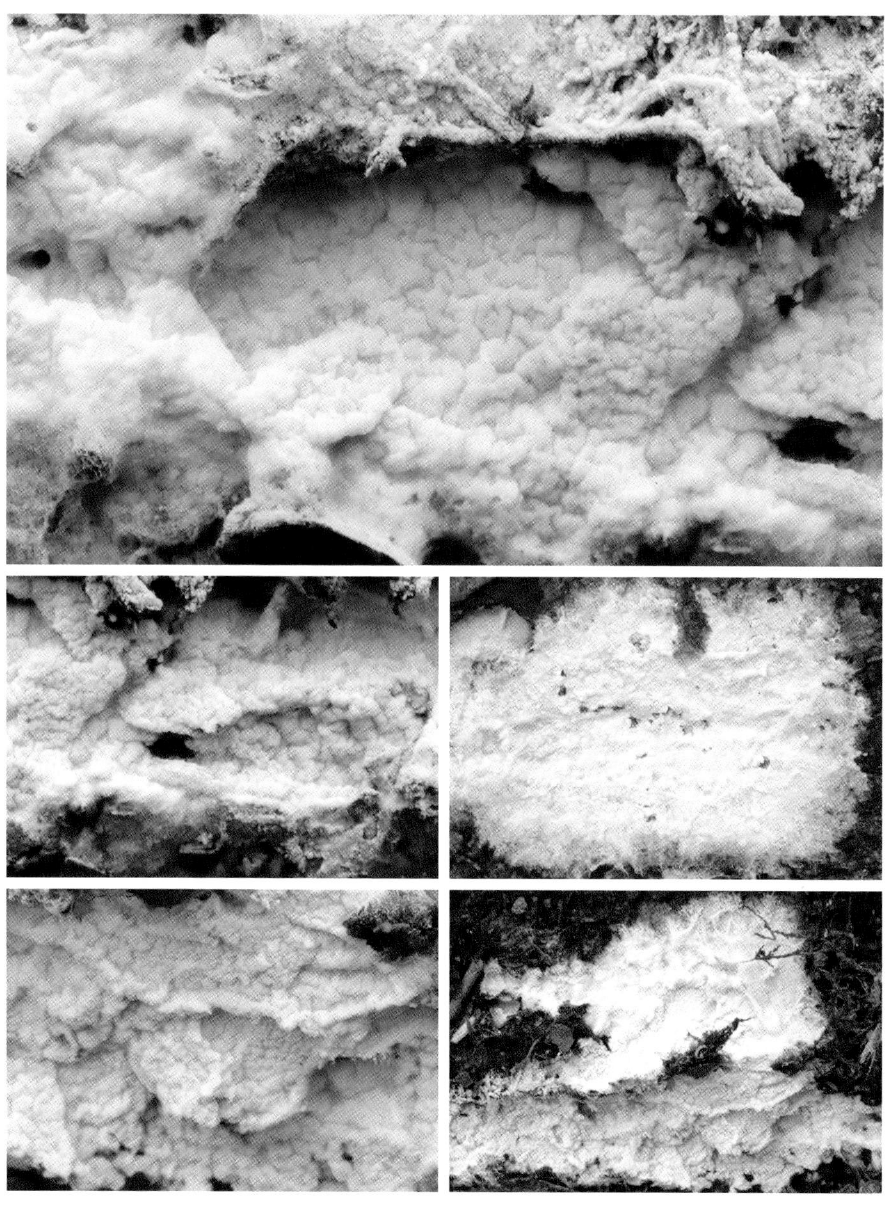

발생 연중 | 쓰러진 침엽수·활엽수 지면 쪽 줄기나 가지

특징 배착생으로 자실층인 표면은 백색에서 크림색~백황색으로 변해가며, 누비이불 처럼 주름진 모양이다. 어리거나 성장할 때 가장자리는 솜털 모양이다. 살(조직)은 얇고 연한 질감이다.

꼬마붉은그물버섯(임시명)

그물버섯과

Boletus aokii Hongo

발생 여름 | 하천의 습하고 이끼 낀 바위 위

특징 갓은 지름이 2~4cm로 적색, 진한 적색이고 표면은 벨벳 모양이다. 성장하면 표면에 거북딱지 같은 균열이 생긴다. 관공은 황색으로 다각형이다. 상처가 나면 청색으로 변한다.

제주청변알버섯(임시명)

Rossbeevera eucyanea Orihara

발생 여름 | 숲속 이끼 사이

특징 자실체는 땅속에 있지만 때로는 땅 위에 드러난다. 지름 10~15mm의 공 모양이고, 표피는 백색으로 만지면 즉시 청색이 된다. 자르면 백색에서 청색~암적색, 흑색으로 변한다.

녹황색송편버섯(임시명)

Trametes strumosa (Fr.) Zmitr.

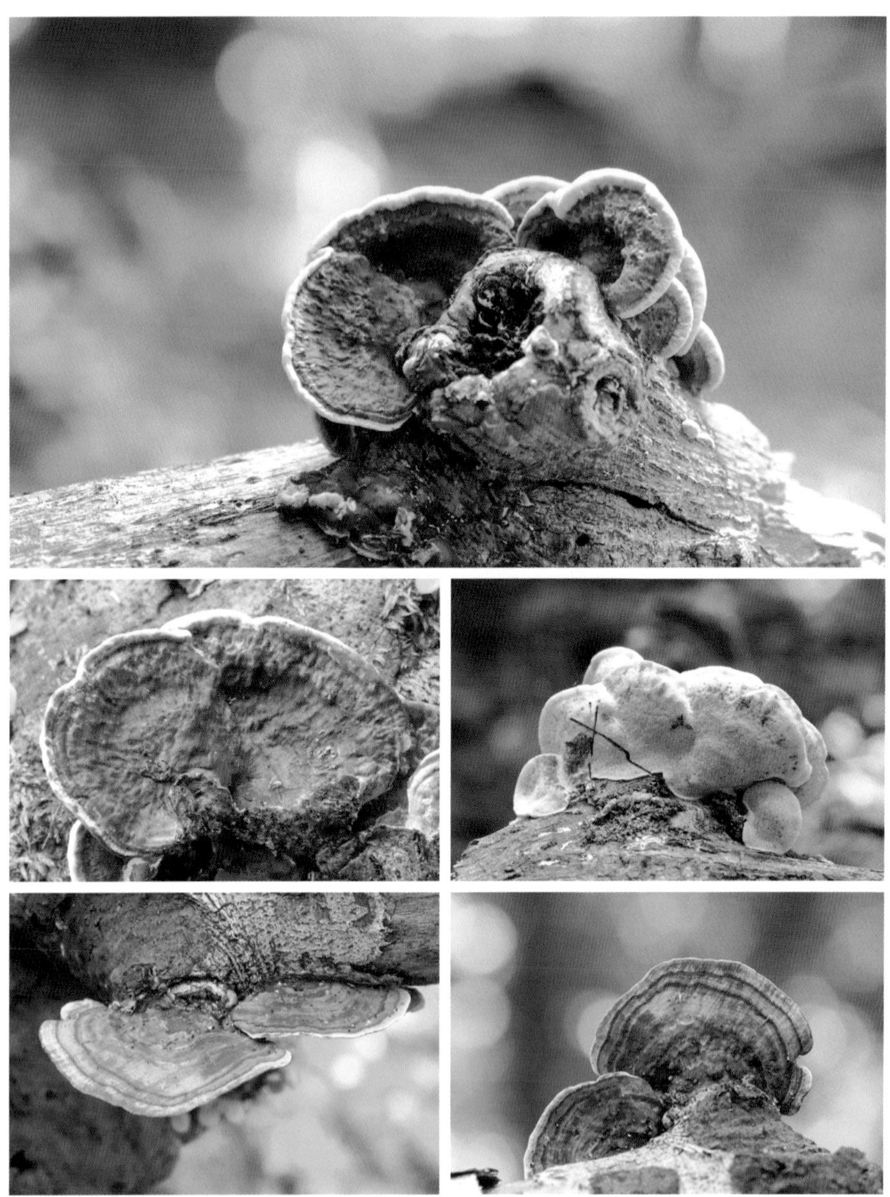

발생 여름부터 가을까지 | 활엽수 죽은 줄기나 가지 위

특징 갓은 반원이나 조개껍데기 모양으로 황색이 가미된 녹갈색이며, 매끄럽고 융기한 테 무늬와 방사상의 주름이 있다. 가장자리는 성장할 때 백색이다. 관공은 백색에서 황록색으로 변해간다.

진황흰구멍버섯(임시명)

Perenniporia tenuis (Schwein.) Ryvarden

발생 연중 | 활엽수(오리나무) 그루터기나 죽은 줄기 위

특징 자실체는 반배착생으로 작은 갓을 형성하며 넓게 퍼져 나간다. 갓은 반원 모양으로 황갈색이며 인편이 덮여 있다. 자실층인 관공은 선황색~황토색으로 가장자리가 솜털 모양이고 백색을 띤다.

기린반점껍질고약버섯(임시명)

Peniophora albobadia (Schweinitz) Boidin

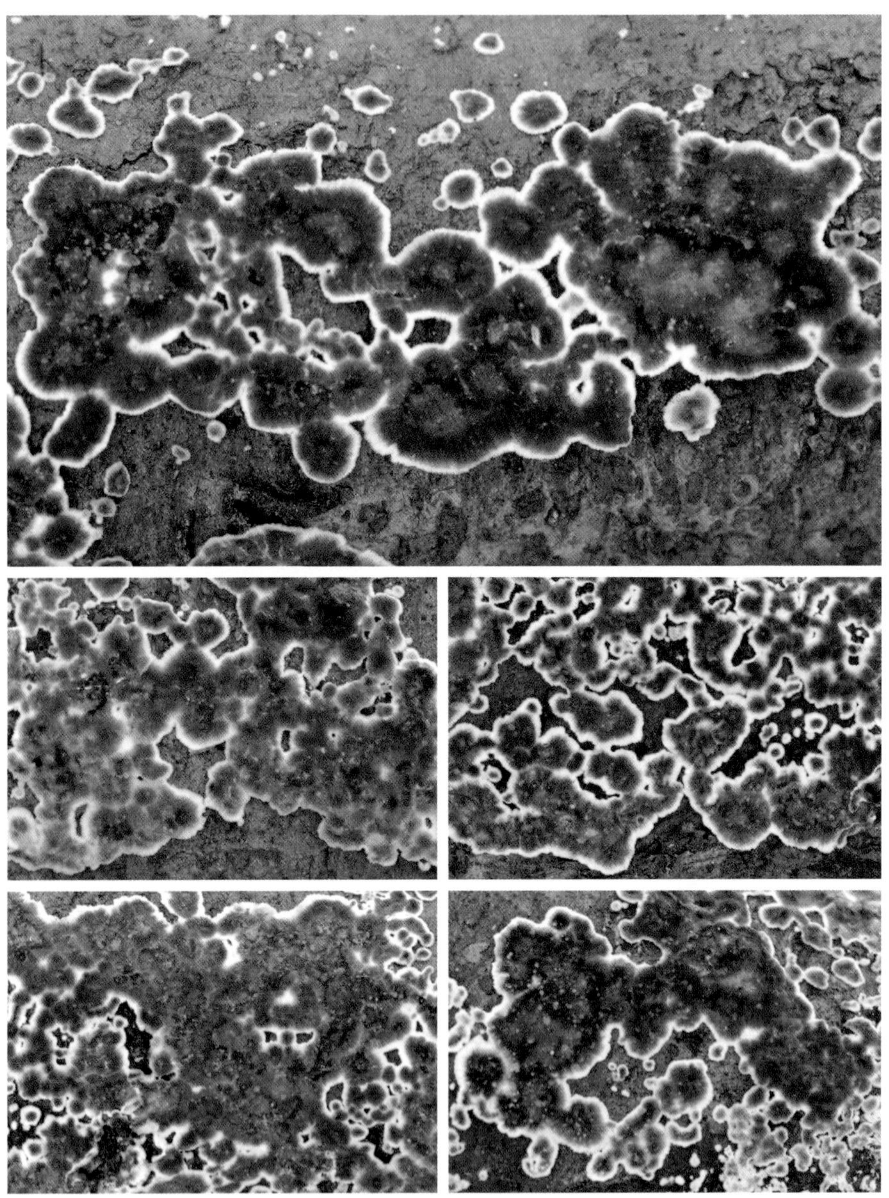

발생 연중 | 죽은 나무 줄기나 가지 위

특징 배착생으로 작은 원으로 발생해 점차 퍼져 나가 다른 개체와 결합하면 기린 무늬를 만든다. 자실층인 표면은 매끄럽고 갈색, 적갈색, 황갈색이며 가장자리는 흰색 또는 옅은 색이다.

분홍빛붉은목이(임시명)

Dacrymyces roseotinctus Lloyd

발생 연중 | 활엽수 죽은 줄기나 가지 위

특징 자실체는 조밀하게 주름진 뇌 모양이고, 표면은 어릴 때는 주황색이고 성장하면서 분홍색~분홍빛 백색으로 변해가며 펑퍼짐한 주름진 모양이 된다. 살(조직)은 연한 젤라틴질이다.

대나무붉은옷병균(임시명)

별무늬병균과

Stereostratum corticioides (Berk. & Broome) H. Magn.

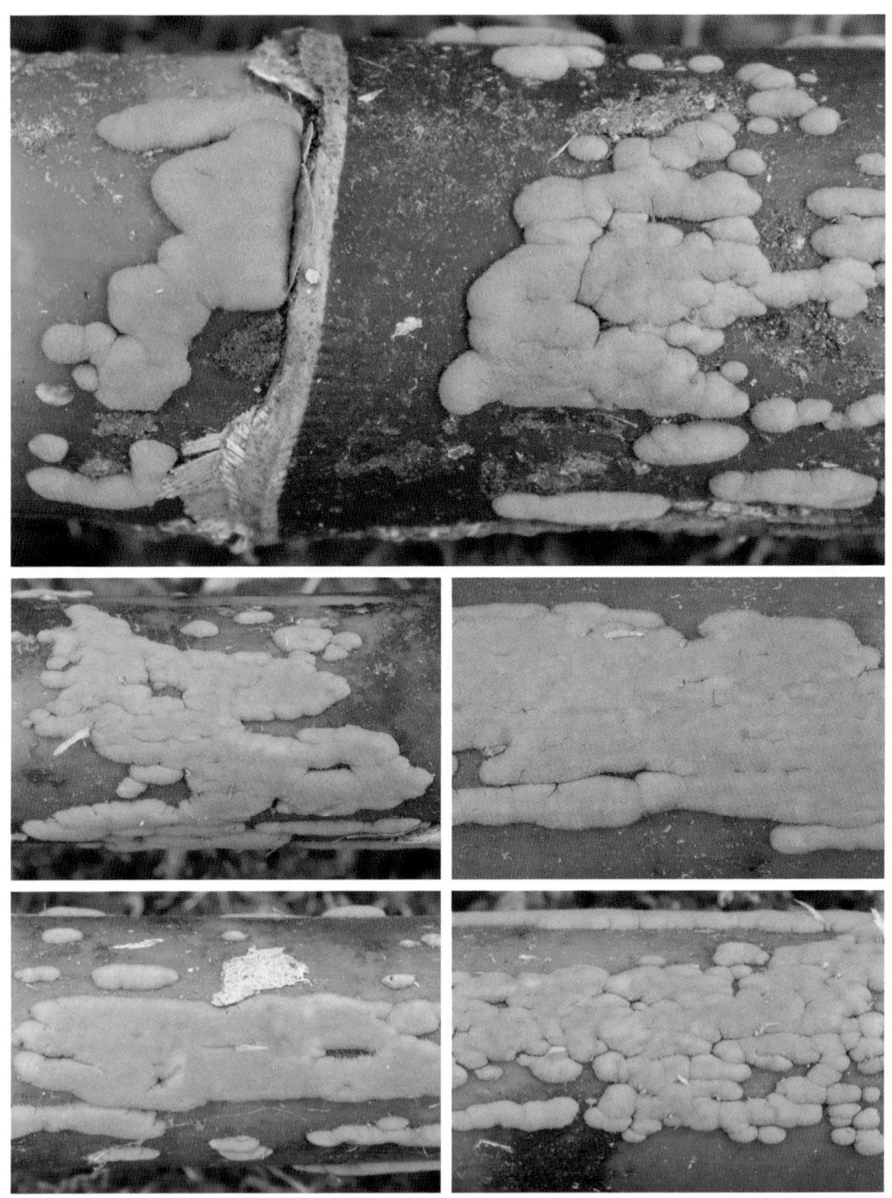

발생 연중 | 대나무 줄기 위

특징 배착생으로 대나무 줄기에 홍색~주황색 가루 모양의 덩어리로 퍼져 나간다. 대나무에 발생하는 녹균의 일종으로, 이 질병이 발생하면 베어 소각하고 자생지의 흙도 교체해야 한다.

주름입술버섯(임시명)

Rhytidhysteron rufulum (Spreng.) Speg.

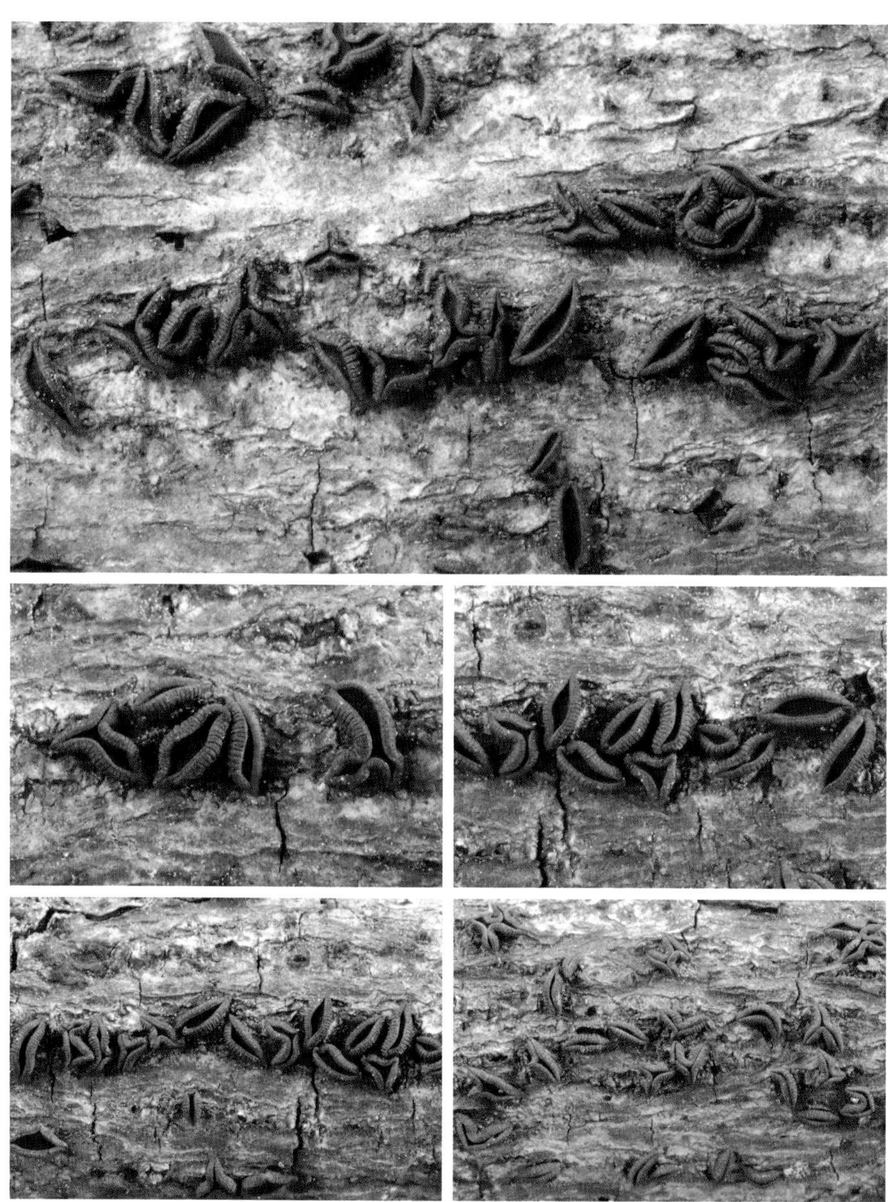

발생 겨울부터 초봄까지 | 활엽수 죽은 줄기나 가지 위

특징 자실체는 죽은 나무의 껍질을 뚫고 발생하며, 처음에는 닫힌 입술 모양으로 흑색이고 주름져 있다. 성숙하면 벌어지고 가장자리는 안으로 말려있다. 자실층인 안쪽은 흑갈색~짙은 녹슨 색이다.

붉은주름입술버섯(임시명)

Patellariaceae

Rhytidhysteron hysterinum (Dufour) Samuels & E. Müll.

발생 겨울부터 초봄까지 | 활엽수 죽은 줄기나 가지 위

특징 자실체는 죽은 나무의 껍질을 뚫고 발생하며, 처음에는 닫힌 입술 모양으로 흑색이고 주름져 있다. 성숙하면 벌어지고 가장자리는 안으로 말려 있다. 자실층인 안쪽은 붉은 벽돌색이다.

황록색주름입술버섯(임시명)

Rhytidhysteron columbiense Soto-Medina & Lücking

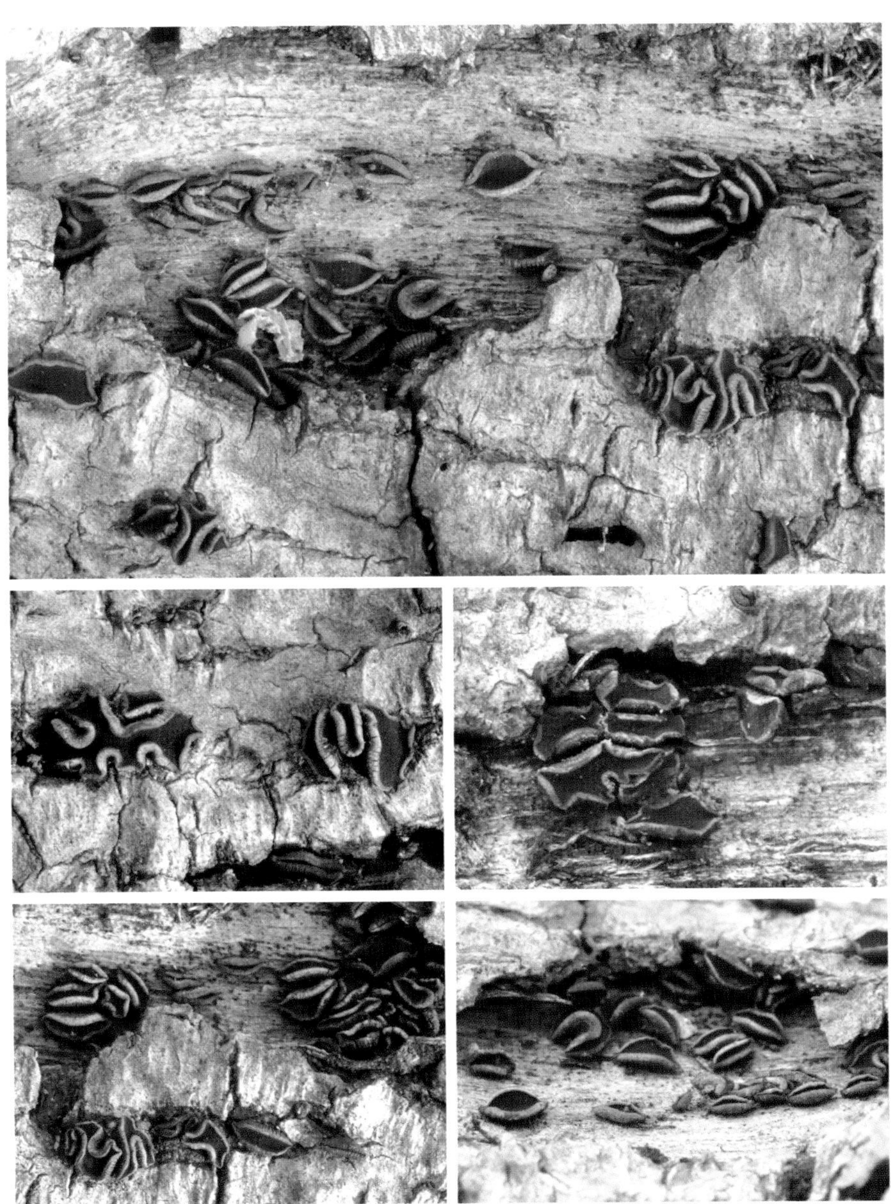

발생 겨울부터 초봄까지 | 활엽수 죽은 줄기나 가지 위

특징 자실체는 황록색으로 처음에는 닫힌 입술 모양이며, 수직 줄무늬로 주름져 있다. 성숙하여 습할 때는 벌어지고 가장자리는 안으로 말려 있다. 자실층인 안쪽은 흑색이다.

Patellaria atrata

Patellariaceae

Patellaria atrata (Hedw.) Fr.

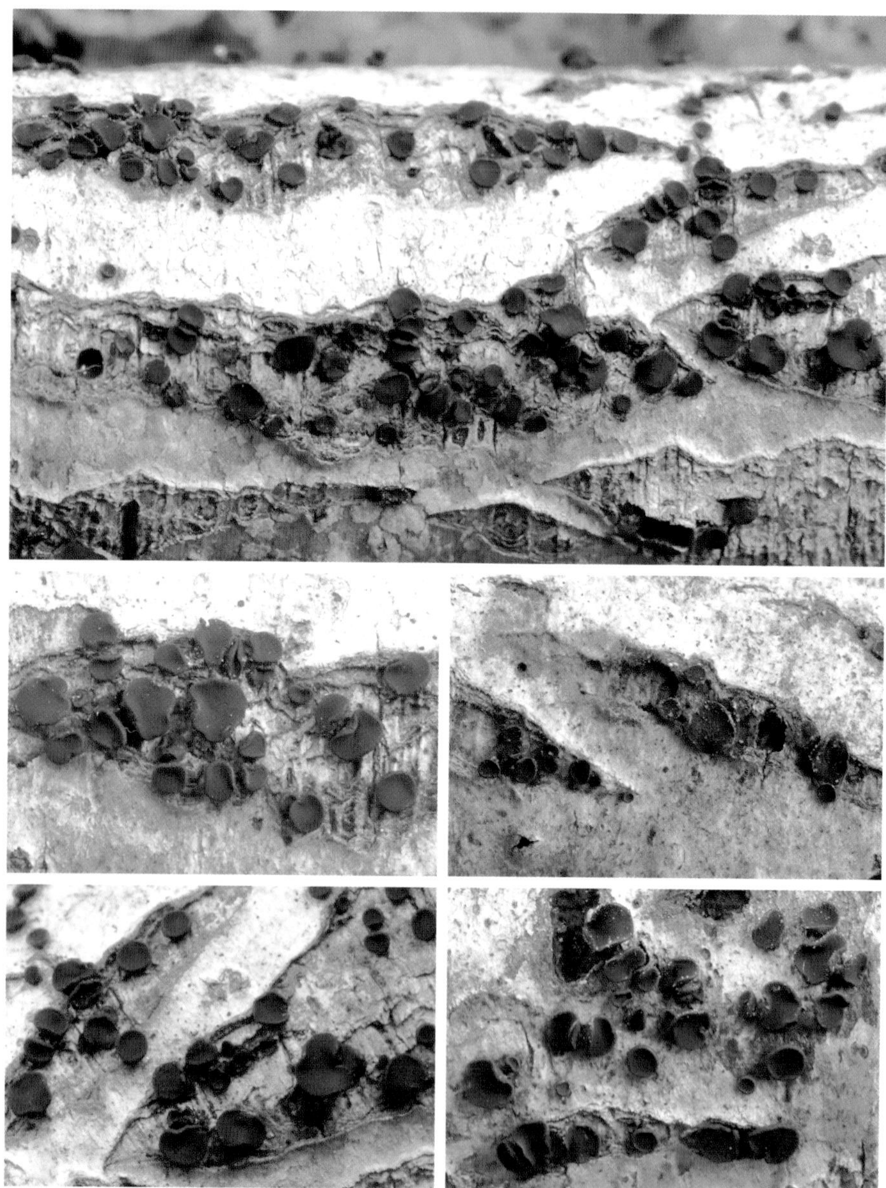

발생 겨울 | 활엽수 죽은 줄기나 가지 위

특징 자실체는 둥글거나 약간 타원형의 편평한 원판 모양이다. 자실층인 윗면의 표면은 매끄럽고 흑색 또는 어두운 갈색이다. 가장자리가 올라가고 물결 모양을 이루기도 한다. 아랫면은 흑색이다.

찹쌀공버섯(임시명)

Byssosphaeria schiedermayriana (Fuckel) M.E. Barr

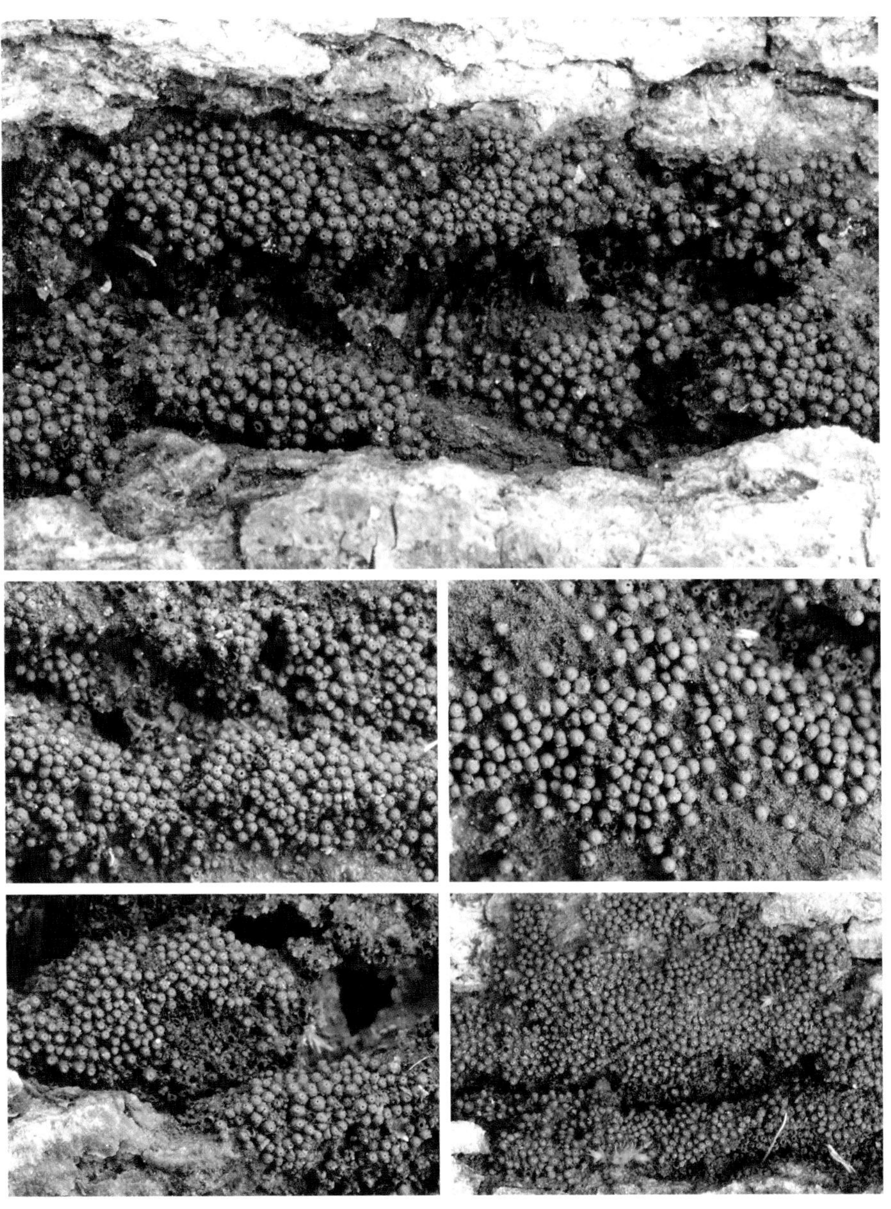

발생 가을부터 봄까지 | 활엽수 죽은 줄기나 가지 위

특징 자실체는 공 모양으로 밀착하여 넓게 퍼져 나간다. 표면은 갈색~흑갈색이며 갈색 균사로 둘러싸여 있다. 성숙하면 포자 방출구가 열려 포자를 방출하고 주위는 주황색~황색으로 변한다.

Mitrula elegans

녹청접시버섯과

Mitrula elegans Berk.

발생 봄부터 초여름까지 | 계곡 얕은 물가에 떨어진 나뭇가지 위

특징 자실체의 머리 부분은 밝은 노란색에서 주황색이 되며 원형, 찌그러진 원형, 일그러진 방추형 등이다. 자루는 반투명한 흰색으로 원기둥 모양이지만 구부러지고 속이 비어 있다.

잎심장두건버섯(임시명)

물두건버섯과

Cordierites frondosus (Kobayasi) Korf

발생 연중 | 활엽수 그루터기, 죽은 줄기나 가지 위

특징 어릴 때 흑자갈색의 납작한 공 모양이 성장하면 흑청색의 꽃잎 모양으로 넓어지고 뒤틀린 모양으로 변한다. 포자를 형성하는 자낭반은 습할 때 짙은 올리브색, 건조할 때 흑청색이다.

노랑거친털컵버섯(임시명)

거친털버섯과

Erioscyphella abnormis (Mont.) Baral, Šandová & B. Perić

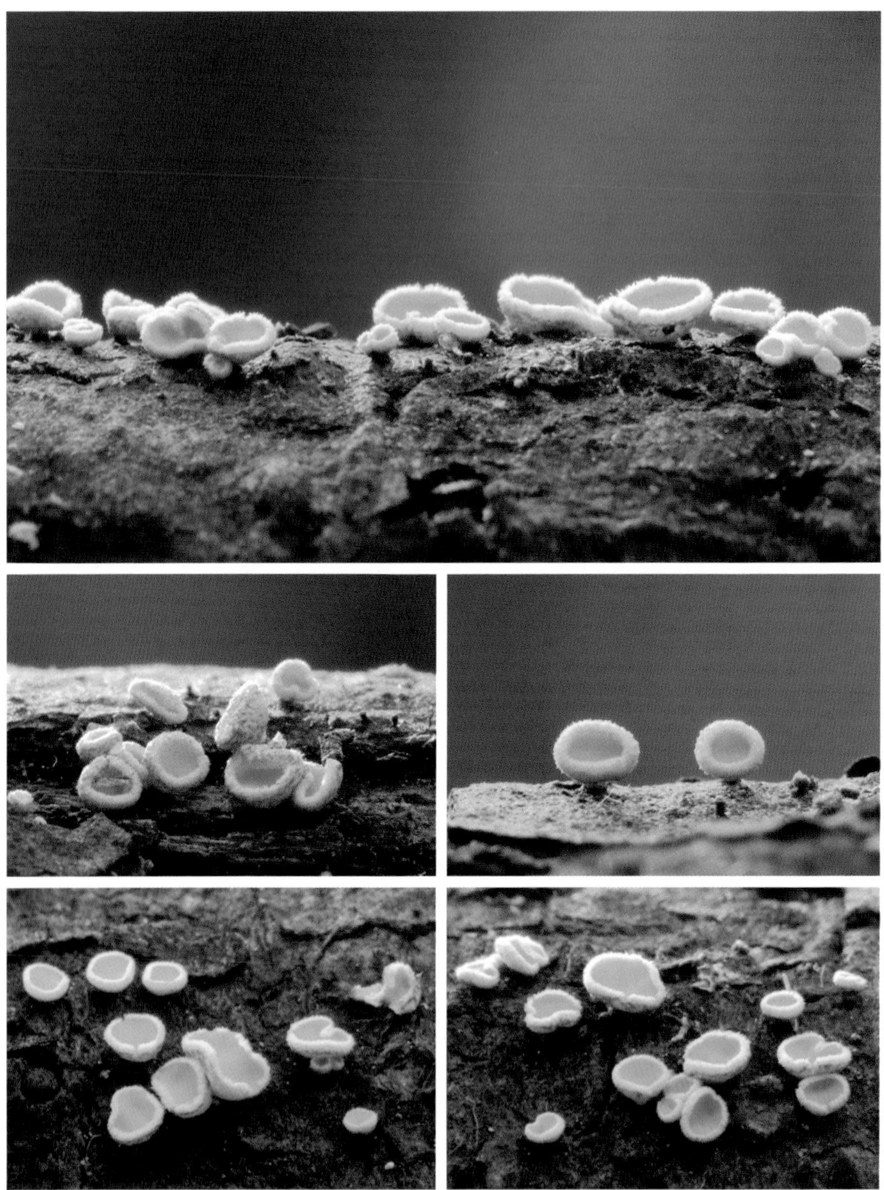

발생 봄부터 여름까지 | 활엽수 죽은 줄기 위

특징 자실체는 컵 모양에서 접시 모양을 거쳐 성숙하면 편평해진다. 자실층인 안쪽은 밝은 황색에서 탁한 황색으로 변해간다. 바깥 면은 갈색의 거친 털로 덮여 있다. 자루는 매우 짧거나 없다.

키다리곰보버섯(임시명)

Morchella conica Fr.

발생 봄 | 숲속 땅 위

특징 자실체는 머리 부분과 자루로 나뉘고 머리 부분은 원뿔형, 원뿔형의 달걀형이며 표면은 깊고 불규칙한 홈이 뚜렷하다. 자루는 백색~연한 황색으로 원기둥 모양으로 속이 비어 있다.

Hydnocystis piligera

Hydnocystis piligera Tul. & C. Tul.

발생 가을 | 활엽수림 · 혼합림 내의 땅 위

특징 자실체는 지름이 1~2cm로 다소 편평하면서 불규칙한 공 모양으로 약간 길쭉하고, 때로는 주름져 있다. 바깥은 황색, 옅은 황색으로 속이 비어 있다. 안쪽은 백색으로 벨벳 모양이다.

Trichaleurina tenuispora

Trichaleurina tenuispora M. Carbone, Yei Z. Wang.

발생 여름부터 가을까지 | 활엽수 썩은 줄기 위

특징 자실체는 공 모양이다가 성숙하면 윗면이 평평하게 넓어지면서 거꾸로 된 원뿔형이 된다. 자실층인 윗면은 황갈색으로 변하고, 주름진 바깥 면은 짧은 털로 덮여 있다.

목련균핵접시버섯(임시명)

균핵버섯과

Ciborinia gracilipes (Peck) Seaver.

발생 봄 | 목련 열매껍질에 발생한 균핵 위

특징 자실체는 곤봉 모양에서 접시 모양~얕은 접시 모양이 된다. 가운데가 오목하고 오래되면 거의 평평해진다. 접시 모양의 머리는 갈색~적갈색을 띤 암회갈색이다. 기부에 균핵이 있다.

갈고리분말버섯(임시명)

Unguiculariopsis ravenelii (Berk. & M.A. Curt.) W.Y.Zhuang.

발생 겨울 | Rhytidhysteron rufulum, Rhytidhysteron hysterinum 주변

특징 자실체는 주발 모양에서 접시 모양을 거쳐 편평해진다. 자실층인 안쪽 면은 탁한 오렌지색에서 연한 적갈색으로 변하고 매끄럽다. 바깥 면은 연한 갈색 바탕에 회백색의 털로 덮여 있다.

눈물바퀴버섯(임시명)

바퀴버섯과

Orbilia epipora (Nyl.) P. Karst.

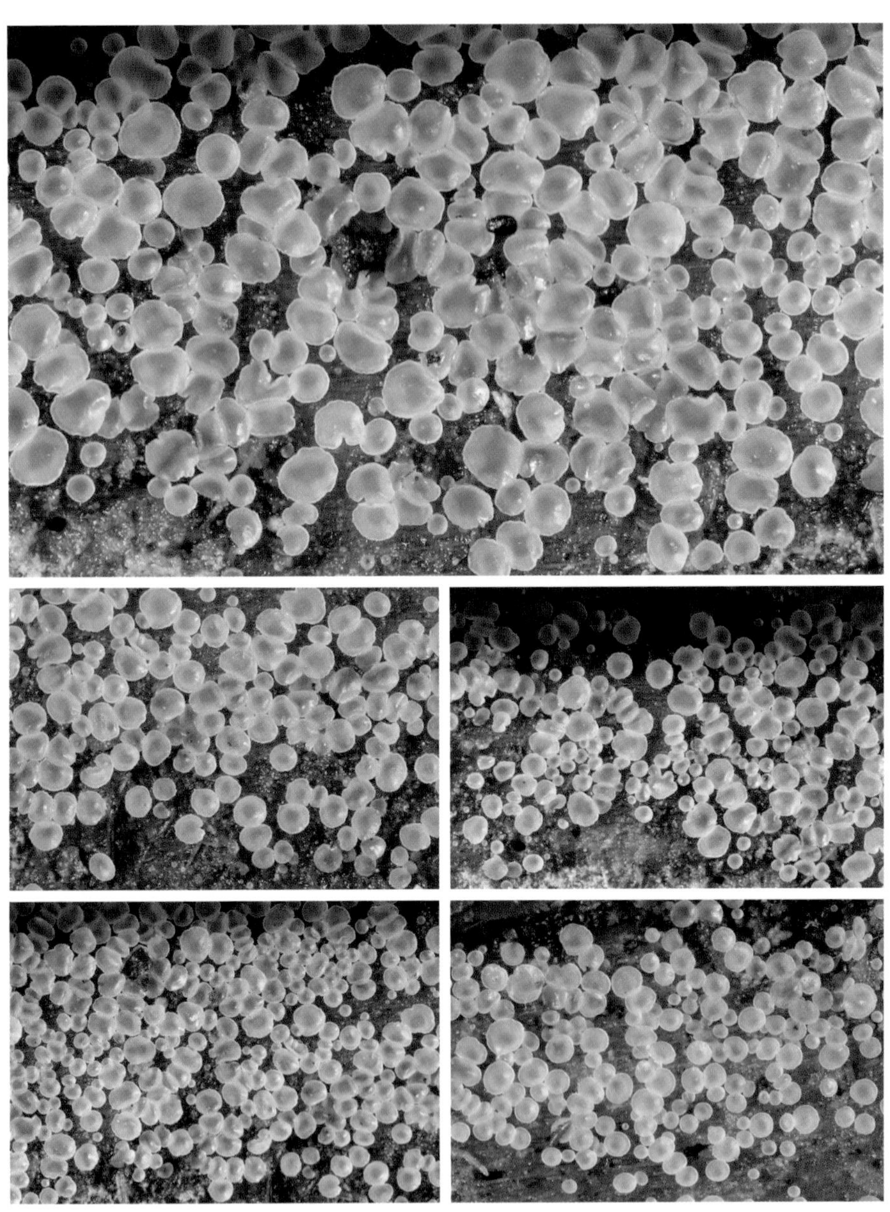

발생 여름 | 활엽수 축축한 썩은 줄기 위

특징 자실체는 극소형으로 5mm 이하이고, 처음에 주발 모양이다가 성장하면서 원반 모양이 된다. 가장자리는 약간 물결 모양이고, 자실층인 안쪽 면은 반투명한 흰색~담회색으로 매끄럽다.

분홍술잔버섯(임시명)

Phillipsia domingensis (Berk.) Berk.

발생 여름부터 가을까지 | 활엽수 썩은 줄기 위

특징 자실체는 플라스크, 깔때기, 원반 모양이다. 자실층인 안쪽 면은 밝은 등나무색, 오렌지색~황색, 핑크색~적색, 적갈색으로 표면은 평평하고 미끄럽다. 자루는 가운데로 나며 매우 짧다.

황금점버섯(임시명)

Hypocrea aureoviridis Plowr. & Cooke

발생 봄부터 가을까지 | 축축하고 썩은 활엽수 줄기 위

특징 자실체는 납작한 공 모양이고, 자실층인 윗면은 옅은 노란색에서 노란색으로 변해가고 성장하면 표면에 녹색점이 생긴다. 아랫면은 칙칙하고 흰색에서 황백색이다. 살(조직)은 흰색이고 단단하다.

안장속버섯(임시명)

Hypomyces cervinus Tul. & C. Tul.

발생 여름부터 가을까지 | 침엽수림 · 활엽수림 내의 땅 위

특징 속버섯균이 기둥안장버섯(*Helvella macropus*) 자실체에 침투해 발생한다. 자실체는 한 부분에서 시작해 시간이 지나면 숙주 전체에 백색의 가루가 덮인다.

흑구슬다포자버섯(임시명)

검정접시버섯과

Fracchiaea subcongregata (berk. & M.A. Curtis) Ellis

발생 연중 | 활엽수 죽은 줄기 위

특징 기질에서 형성되고 나무껍질 속에서 둥근 자실체가 다발로 솟아오른다. 표면은 다양한 장식으로 덮여 있고 원뿔형 억센 털과 삼각형 가시가 있으며, 사마귀 모양의 결절이 있다.

긴다리알보리수버섯(임시명)

Nectria gracilipes (Tul. & C. Tul.) Wollenw.

발생 여름부터 가을까지 | 활엽수 죽은 줄기나 가지 위

특징 자실체는 머리와 자루 부분으로 나뉜다. 머리 부분은 물방울 모양으로 오렌지색, 노란색, 탁한 분홍색을 띠다가 오래되면 암갈색과 검은 점으로 변했다가 오렌지색이 된다.

성냥골알보리수버섯(임시명)

Nectria pseudotrichia Berk. & M.A.Curti

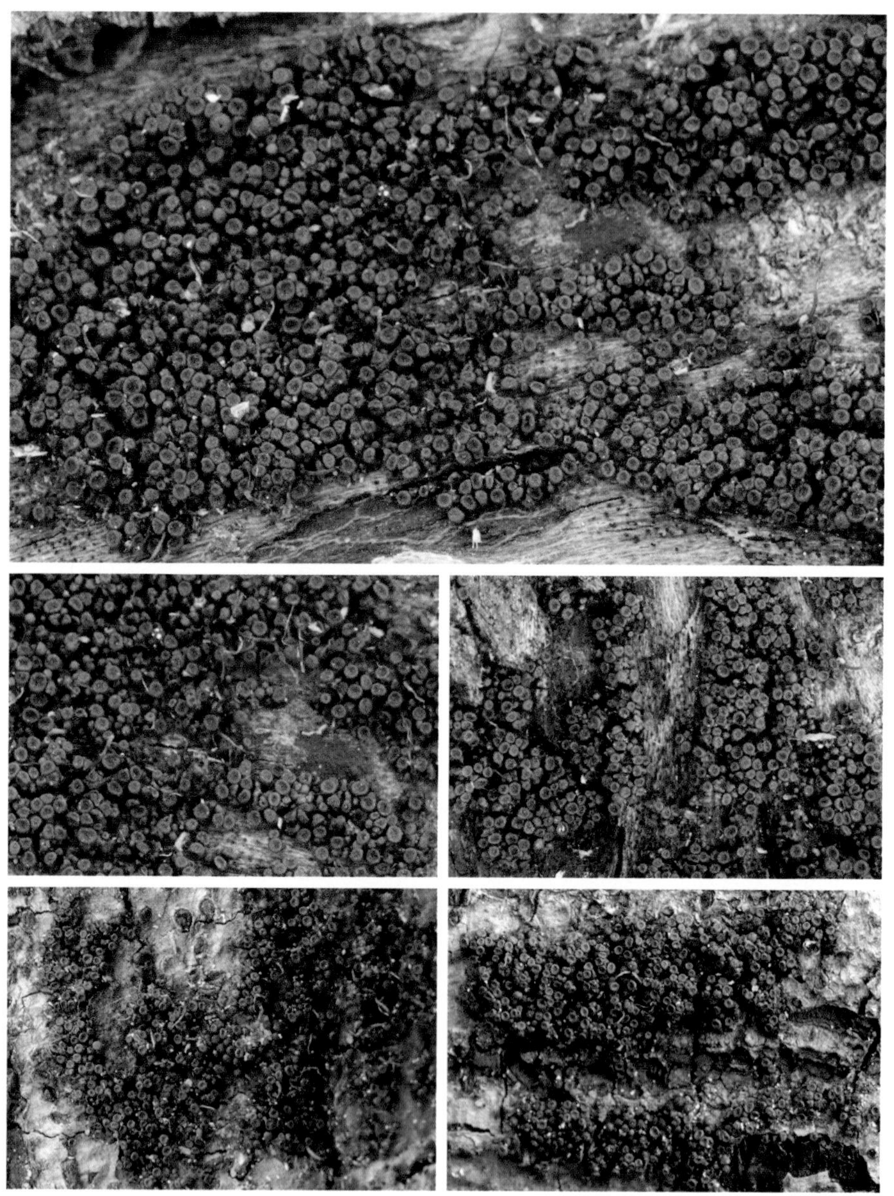

발생 가을부터 겨울까지 | 활엽수 죽은 줄기나 가지 위

특징 자실체는 일반적으로 매끄러운 공 모양으로 주황색~적색이다. 가운데 돌기가 있고, 성숙하면 이곳을 통해 포자를 방출하고 속이 빈 단지 모양이 된다. 성냥골 같은 주황색~황색의 긴 자루는 불완전 세대다.

푸른팥버섯(임시명)

Hypoxylon cyanescens Hai X. Ma, lar.N. Vassiljeva & Yu Li

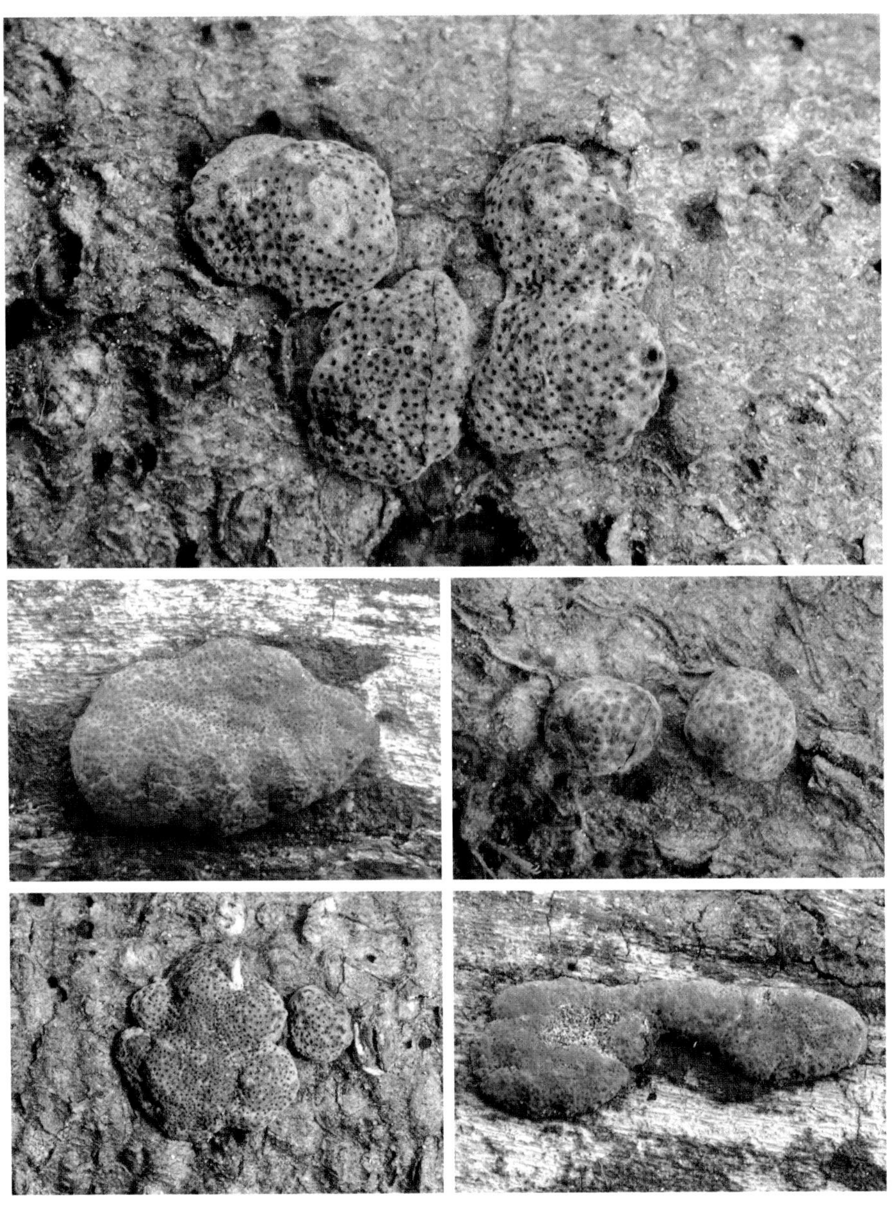

발생 연중 | 활엽수 죽은 줄기 위

특징 자실체는 낮은 원반이나 낮고 찌그러진 반원, 작은 방석 모양이다. 표면은 어릴 때 회황색 가루로 덮여 있다가 청록색으로 변해간다. 자낭각이 형성되면서 생긴 검은 점이 있다.

쿠바콩꼬투리버섯(임시명)

콩꼬투리버섯과

Xylaria tabacina (Kickx f.) Berk.

발생 봄부터 가을까지 | 활엽수 죽은 줄기 위

특징 자실체는 분생자 시기인 'Xylocoremium flabelliforme'를 거쳐 원기둥이나 곤봉 모양이 된다. 표면은 평탄하거나 미세한 균열이 있으며, 황갈색에서 녹갈색으로 점차 짙어진다.

참고 문헌

《버섯 생태 도감》, 국립수목원, 지오북, 2012.

《버섯대도감》, 최호필, 아카데미북, 2015.

《숲속의 독버섯》, 가강현 · 박원철 외, 국립산림과학원, 2014.

《숲속의 식용버섯》, 석순자 · 권순우 외, 국립농업과학원, 2014.

《식용 · 약용 · 독버섯과 한국버섯 목록》, 이태수, 2016,

《야생 버섯 도감: 1년간의 식용버섯 기행》, 최호필, 아카데미북, 2018.

《제주도의 광대버섯》, 제주자원생물연구센터, 국립원예특작과학원, 2019.

《제주 지역의 야생 버섯》 고평열 · 김찬수 외, 국립산림과학원, 2009.

《화살표 버섯 도감》, 최호필 · 고효순, 자연과생태, 2017.

인터넷 사이트

국립생물자원관(https://species.nibr.go.kr/index.do), '2020 국가생물종목록'

제주의숲과길(https://blog.naver.com/sangs2)

한국야생버섯분류회(https://cafe.naver.com/tttddd)

www.indexfungorum.org

찾아보기

ㄴ

ㅂ

ㅅ

ㅇ

ㅈ

ㅊ

ㅋ

기타